颠覆思想 突破思维

走向更加新奇的人生

主编 拾月
编著 冯雪

图书在版编目(CIP)数据

颠覆思想　突破思维：走向更加新奇的人生 / 冯雪编著. -- 北京：现代出版社, 2015.4
ISBN 978-7-5143-3496-8

Ⅰ. ①颠… Ⅱ. ①冯… Ⅲ. ①创造性思维 - 青少年读物 Ⅳ. ①B804.4-49

中国版本图书馆 CIP 数据核字(2015)第 067805 号

颠覆思想　突破思维：走向更加新奇的人生

主　　编　拾　月
编　　著　冯　雪
责任编辑　王敬一
内文制作　诚美天下文化传播有限公司
出版发行　现代出版社
地　　址　北京市安定门外安华里 504 号
邮　　编　100011
电　　话　(010)64267325
传　　真　(010)64245264
邮　　箱　xiandai@cnpitc.com.cn
网　　址　www.1980xd.com
印　　刷　三河市华晨印务有限公司
开　　本　700mmx1000mm　1/16
印　　张　9
版　　次　2015 年 5 月第 1 版　2021 年 3 月第 3 次印刷
书　　号　ISBN 978-7-5143-3496-8
定　　价　29.80 元

前言

青少年是社会的宝贵财富，是人类的希望和未来，正所谓“少年强则国强”。为此，大至一个国家、一个民族，小至一个家族、一个家庭，都特别重视青少年的教育问题。希望他们成为社会的中坚，家族的骄傲。一句话，就是希望他们成为成功的人。于国，能成为有用的人才；于家，能成为顶梁柱。不仅仅要学习好，还要有辨别人世间善、恶、美、丑的能力。在每个人的人生中，除了需要自身的因素之外，还需要拥有感受世界的能力。

思路、细节，能够丰富大脑容量，完善行为举止，让青少年变得愈加稳重大方。

口才、谈判，能够练就舌战群雄的能力，凭借一张巧嘴，也能走遍天下。

习惯、能量，能够端正青少年人生态度，获得积极向上的正能量。

决策、执行，能够清晰目标，果断解决问题，让人生不在纠结、忧郁中度过。

人脉、创新，能够体会到人和的力量，让生命更具新鲜感。

青春，是人最美好的一段时光，也是人格、性格定型的重要阶段，在这个时期，我们需要享受青春的快乐，同时也需要完成自我塑造。通过心理自助，最终从一个小男生、小女生逐渐成长为一个有着健全人格的人，成长为一个对社会、对家庭、对自我有着相对完整认知的人，成长为能够为自己的未来做主的人。这才是一个充实、有价值的青春。每个梦想都值得我们认真对待，每个青少年都是未来的希望。在青春中我们不仅要有欢乐，同时也要拥有未来！

本丛书是你化解烦恼的“心灵鸡汤”，可以给你快乐的心理自助；本丛书会让你认识到：掌控心理，方能掌控世界；改变自己，才能改变一切。本丛书还将告诉你：只有实现积极的心理自助，才能收获快乐而充实的青春。

目录

第一篇 纵横驰骋，发动创新的引擎

第二篇 因为专注，成功才得以诞生

第三篇 学会观察，练就一双发现的眼睛

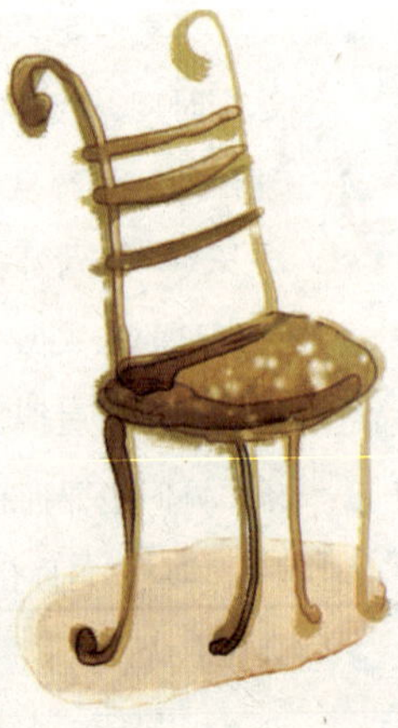

目录

第四篇 培养记忆，建造创新的储存库

第五篇 想象力比知识更重要

第一篇

纵横驰骋，发动创新的引擎

新，是一种思维的全新模式，能够在平凡之中创造辉煌，也能成为超越自我的动力，甚至在一定程度上，它能够改变历史的进程。创新，是一种理论，提醒我们在工作中要保持创新的热情；创新，是一份信念，能够支撑内心永不妥协的梦想；创新，是一个行动，要用勤劳的双手、不断地思索去无限攀登。

心存问号，迈出创新的第一步

故事话题

爱因斯坦能够成为最伟大的物理学家之一，最重要的就是因为他善于思考，并且从中寻找到解决问题的方法，甚至能够根据自己的想象去创新。

在爱因斯坦小的时候，他并没有显示出异于常人的智商，甚至有很多大人都并不喜欢他，因为他总是提一些稀奇古怪的问题，让人觉得这个孩子太另类。

然而，这些大人却并不了解，爱因斯坦总是提一些非常奇怪的问题，并非是因为他傻，而是因为他总是在思考，每当他看到一些现象，就会思考，为什么会发生这样的现象呢？有什么因素能够改变这样的现象呢？

在爱因斯坦 5 岁的某一天，他的父亲送给他一个罗盘当玩具，爱因斯坦非常喜欢，但是很快他就发现，罗盘中红色的小箭头总是指向一个方向，不管他怎么改变罗盘的位置，这都是不变的。

我们当然知道罗盘[即指南针]的原理，但是年仅 5 岁的爱因斯坦却

根本就无法理解，他开始开动脑筋：首先他开始改变罗盘本身的方向，想借此来改变红色箭头的指向，可是不管他怎么转动罗盘，箭头都牢牢地指向北方；一个方法不行，他再换一个角度去思考，既然指针牢牢指向北方，那么一定有一股看不见的力量在控制这个小小的罗盘，于是他开始寻找这个“神秘的力量”，可是结果却是让他大失所望。

但是他并没有放弃，尽管在他的童年里，他没有找到这股能够操纵指针方向的力量，但是在他长大之后，他开始深入研究电磁场，最终不仅发现了罗盘箭头始终指向北方的秘密，更成为了一个科学家。

故事解析

在生活中，有很多对于我们而言是司空见惯的现象，这些现象的背后究竟是什么原因呢？或者说，是什么因素导致了这种现象的发生呢？或许在很多人心里，从来没有往这方面思考过。然而，正是在这些我们司空见惯的方面寻求新的突破，这就是创新的真谛。

这种创新思维并非是一份刻意为之，而是在生活之中点滴的积累。正如同爱因斯坦在年少的时候，对于身边的任何现象都喜欢问个“为什么”，甚至有时候别人都被他问烦了，可是爱因斯坦仍然不放弃这种提问和自己的思考方式。

创新，是人类进步的动力。当我们拥有了创新精神，就有了前进的希望。正如同小鸟飞行需要翅膀，世界进步需要创新，创新就是进步的翅膀。

故事穿越

同样是世界上最伟大的发明家之一的爱迪生，和爱因斯坦一样，他也是个非常喜欢问奇怪问题的小孩，甚至因为这个原因而被学校除名。爱迪生的母亲并不相信自己的孩子注定是一个不成器的孩子，于是下决心要在家里将他培养成人。

有一天，爱迪生的母亲正在家里干活，突然听到后院传来爱迪生痛苦的呻吟声，她连忙放下手里的活，跑到后院一看，只见爱迪生的脸被马蜂蜇得红肿不已。

“爱迪生，你怎么会被马蜂蜇了？”母亲一边帮着他上药，一边不解地问道。

“我想看看马蜂。”爱迪生也知道自己闯祸了，只好小声地回答道。

母亲还是很疑惑，不知道自家的孩子为什么会被马蜂蜇到。原来爱迪生在看书的时候，看到一篇介绍马蜂筑巢的文章，他就感到非常好奇，觉得这篇文章介绍的太过抽象。他知道自己家院子里有一个马蜂窝，想要看看马蜂如何筑巢，直观地观看肯定会有所收获，于是他就跑到院子里，用小木棍去拨弄马蜂窝，结果就被马蜂蜇到了。

母亲听完之后，哭笑不得，可是看着孩子红肿的脸庞，又心疼不已。可是爱迪生却并不怕，他反而很开心地告诉母亲，他终于明白马蜂是如何筑巢的了。

故事微语

我们常说，童言无忌，在孩子的世界之中，世界是没有任何条条框框的，正是因为如此，孩童的创造能力往往是惊人的。但是，创新思维并不仅仅是孩童的专利，如果在现实生活之中，我们能够凡事做到“心存问号”，对于那些我们不懂、不明白，甚至是理解不够透彻的事情和现象，多多思考、多多询问，我们就会收获多多。

尽管在很多人眼中看来，爱迪生童年似乎有点傻，为了观看马蜂是如何筑巢的，竟然跑去马蜂窝，最终还被马蜂蜇了。但就是这样看似傻乎乎的行为，却正是爱迪生勇于追求真理的行为。

创新，就是在这一次次的举动之中，或许这些举动、这些问题、这些思考方式都会让人觉得非常不可思议。但是正是这些举动、这些问题才是让我们的世界逐渐进步的缘故。“心存问号”，并非是毫无意义的，它体现了一种思维模式——创新思维。

任何一个发明、任何一种学术上的理论，都是“创新思维”的成果，创新思维最关键的就是跳出已经约定俗成的思维模式。这就能让我们跳脱出常规思维模式的禁锢。并且，这种思维模式只存在我们的脑海之内，和现实中的任何因素都没有直接关系。所以，在遇到问题的时候“心存问号”，或许就能够寻找到更好的解决方法。

心灵箴言

创新就是创造性地破坏。

——[奥地利] 熊彼特

创新是科学房屋的生命力。

——[美] 阿西莫夫

聪明的年轻人以为，如果承认已经被别人承认过的真理，就会使自己丧失独创性，这是最大的错误。

——[德] 歌德

匠心独运，发动你的新思维

故事话题

作为近现代最著名的画家之一的齐白石先生，早年依靠着自学成才，成为著名的画家。可是在绘画方面，他并不满足于自己取得的成功，而是希望能够在画风上继续有所突破。但是对于一个画风已经成熟的画家而言，这不仅是困难的，同样也是非常冒险的。

画风并非是一朝一夕能够形成的，而轻易改变自己的画风，是否能够被大众所接受都是需要仔细考虑的。可是齐白石却并不担心，他开始不断汲取历代著名画家的长处，并且多加练习和研究。在齐白石 60 岁的时候，他的画风有过一次明显的改变。到了 70 岁的时候，他的画风再一次变化，直到 80 岁的时候，齐白石自身的画风达到了顶峰。

据说，齐白石这一生之中，曾经有过 5 次较大变化的画风，或许对于其他画家而言，这是无法做到的，可是齐白石先生正是经过自己在画风上马不停蹄的改变和创新，最终形成了自己独特的风格。更为关键的是，齐白石在晚年时期的画作比早期作品更为成熟，这并不仅仅是时间的积累，更重要的就是这种来自内心的创新思维。

故事解析

创新思维，并不仅仅只是存在于各种科学探索领域，即便是在艺术领域也同样存在。艺术，尽管是一种能力的体现，但艺术同样也是一个时代的产物。所以在不同的年代中，艺术同样也是需要不同的发展。

正如齐白石先生在艺术方面的创新，他的创新就是他在画风上不断地完善、对自己的要求越来越高。正是这样的创新精神，才让齐白石先生晚年的画风愈发成熟起来。

这种创新，并不仅仅只有齐白石先生，也有很多艺术家也都在各自的领域中发挥了创新的精神，从而让很多传统的、古老的艺术形式得以流传。比如梅兰芳在京剧方面的改革，就让越来越多的人更加喜爱梨园行。

创新，并不是一种单一的行为，甚至能够在某些时刻，达到一种连锁反应、蝴蝶效应。即便是在我们的生活之中同样也能够达到这样的效果。

故事穿越

被土木工匠称之为祖师爷的鲁班，同样是一个善于运用创新思维来解决问题的人，尽管他的发明并不是什么特别重大的，但是却能在劳动之中成为必备工具，甚至沿用至今。

有一年，鲁班接到了一个任务，要在规定的时限内建筑一座非常巨大的宫殿。在古代，建造宫殿所使用的主要材料就是木材，鲁班只能带着自己的徒弟和工人上山去砍伐木材，可是当时还没有任何砍伐树木的工具，所以效率非常低。

鲁班心里非常着急，毕竟他接到这个任务是有时间限制的，如果不在规定时间内完成宫殿的建造，很可能就会有杀身之祸。有一天，他和徒弟们在山上砍伐树木，干了一段时间，他们都太累了，就随意坐在草地上休息一下，鲁班无意中抓了一下野草，却发现自己的手指被野草划破了。他

看了一眼，这才发现原来这种野草的叶子周边都是很锋利的小齿。

后来又有一次，鲁班在休息的时候，看到一只蝗虫正在吃一片树叶，它的动作非常快，不一小会儿，这条树枝上的叶子都被蝗虫吃掉了。鲁班立刻抓住这只蝗虫仔细观察，这才发现，原来蝗虫有两颗大板牙，大板牙上面同样并排排列着许多锋利的小齿，正是依靠这种牙齿结构，蝗虫才能在很短的时间里就吃掉这么多叶子。

这两件事情给鲁班带来了启发，他先是用大毛竹做了一条有小锯齿的竹片，并且让徒弟用竹片锯树来试验一下。果然，在很短的时间里，树干就被划出了一道很深的沟。但是竹片硬度不够，很快就变钝了，甚至有些锯齿都已经被磨掉了。鲁班就赶紧找到铁匠，让他们帮助制造一种带有锯齿的铁片。后来，铁片制作好了之后，鲁班用它来锯木材，果然既省时又省力。这就是鲁班发明“锯”的故事。

故事微语

创新，是人类在生活中智慧的体现，并且是和人类生活息息相关的。有的创新思维不仅能够为我们的生活创造出更多的便利，在长时间的积累过程之后，这种创新行为就成为一种惯性行为。

鲁班在建筑领域中发明了很多木工工具，就好比锯子、曲尺和墨斗等，这些工具最终都是为人类所用，不仅提高了他们工作的效率，同时也改变了最为传统的工作模式。

创新模式离我们的生活并不遥远，也并非是只有那些“天才”、“神童”才能拥有创新的能力和思维，任何人都能够运用创新思维去解决问题，也能够通过创新思维寻找到新的发展方向。

创新，同样也具有一种独特性。每个人的思维模式都不尽相同，所以有人曾经这样说过，如果你肯挖掘“创新”背后的潜力，那么你将征服世界，因为这种创新不仅仅是你个人的能力，最终还能够成为你的独特标签。

心灵箴言

对新的对象必须创出全新的概念。

——[法] 柏格森

凡能独立工作的人，一定能对自己的工作开辟一条新的路线。

——吴有训

对于创新来说，方法就是新的世界，最重要的不是知识，而是思路。

——郎加明

对于一个艺术家来说，如果能够打破常规，完全自由进行创作，其成绩往往会是惊人的。

——[英] 卓别林

打开思维，不受习惯看法的约束

故事话题

创新思维，对于很多人而言，并非是非常容易的事情，因为在很多人的脑海中，都会存在一种约定俗成的观念，如果想要打破这种惯性思维或者是传统观念，有时候不仅需要创新思维，更需要一种勇气。

在15—16世纪的欧洲，古希腊天文学家托勒玫的“地心体系”理论一直都是主流认知，并且统治着人们的头脑。“地心体系”的观点是“地球是宇宙的中心，太阳、月亮和其他星球都是围绕着地球旋转，地球却是保持不动的”。

但是著名的天文学家哥白尼却通过自己对于天文的研究发现，地球并非是静止不动的，而它和其他星体之间的距离也时常发生变化。经过长时间的研究和相关数据的分析，哥白尼提出了一个大胆的理论——“日心说”，他认为太阳才是宇宙的中心，地球是围绕着太阳进行运转的。

但是哥白尼的这种说法并没有得到大众的认可，反而认为哥白尼就是个疯子。这种困难直接导致哥白尼生活方面的贫困，甚至连他的著作想要出版都非常困难。

尽管这种创新的理论在主流人认知中并没有得到普遍认可，可是却得到了很多天文学家的认可，并且成为他们继续研究天文学的基础。比如布鲁诺，他不仅认可了哥白尼的日心说，同时还认为宇宙是无限的，太阳系只是无限宇宙中的一个天体系统；比如伽利略在哥白尼理论的基础上，发现了月球表面凹凸不平、太阳有黑子、银河由无数恒星组成等等。

故事解析

和创新思维相对应的，自然就是“惯性思维”，在生活之中，我们每时每刻都会被这种思维控制着。当我们在生活中、学习中、事业上遇到各种问题，都会运用正常的“惯性思维”。

“惯性思维”是通过长时间的学习、积累，并且经过各种事情的实践所积累在脑海中的结果，甚至已经成为了我们潜意识中最真实的存在。每当我们遇到问题，就会习惯性地从自己头脑中调动出解决方法。这的确是一种非常简便的方式，可是这种我们约定俗成、习惯成自然的解决方法是否是最正确的、最简便的、最接近真相的呢？或许这个答案我们真的无从知晓。

就好比在哥白尼发现了“日心说”之前，人们的惯性思维里一直认为，地球是宇宙的中心，而为其他星体都是围绕着地球进行运转的。然而，哥白尼却从这惯性思维中跳跃出来，从而提出了新的设想，并且根据各种数据研究佐证了自己的观点。

“创新思维”，正是促进人类前进的动力，而“惯性思维”则是束缚人类前进脚步的阻碍。所以，在遇到难题的时候，不妨打开思维，运用“创新”作为战胜困难的武器吧。

故事穿越

和很多科学家不同的是，列文虎克并没有受过正式高等教育，在此之前，他不过是一个看门人，每天工作非常清闲，当然，薪水也并不丰厚。如果按照他当时的人生轨迹来看，他和发明实在是没有什么必然联系。

有一天，列文虎克听他的朋友说，阿姆斯特丹的眼镜店里新来了一种放大镜，能够把很多特别小的东西放大很多倍，很有趣。

列文虎克非常感兴趣，连忙跑到眼镜店里，打算买一个放大镜。可是，这种透镜售价非常昂贵，列文虎克根本就买不起。就在他失望地准备离开的时候，却看到眼镜店师傅正在磨镜片。他好奇地走过去仔细观察一番，发现这种方法其实并不复杂，关键就在于耐心。

回到家中的列文虎克立刻找出普通的镜片，通过自己的双手开始磨制放大镜的镜片。经过长时间的努力，他不仅完成了放大镜镜片的磨制工作，还突发奇想，将这种镜片固定在一个支架上，在它的下面放置了一个金属片，并且在金属片上钻了一个孔。正是他的这种创新思维和突发奇想，打造出世界上第一款显微镜。

在列文虎克的一生之中，他先后磨制了超过 500 个镜片，组装了大小各异、放大程度不同的近 400 台显微镜。并通过广泛的细致观察，成为很多微生物和细胞的第一个发现者。

这名普通的看门人，最终因为这些成就成为了“微生物之父”。

故事微语

创新，是人类文明进步的阶梯，每一次创新，都会给人类带来重大转折。尤其是在医学、科学方面，一份创新，或许就能带来全新的突破。

列文虎克通过对放大镜的改良和创新，发明了显微镜。这是一次技术上的改良，但却打开了微生物研究的全新篇章。在列文虎克之前，科学家虽然知道细菌的存在，但是却无法通过仪器去观察它们的变化，也无法研究它们之间的联系，这成为细菌学无法突破的关键点。但是列文虎克的创新行为却为细菌学研究、医学研究提供了仪器支持。

在人们的“惯性思维”中，时常会将自己的关注点全部放在自己看得见、摸得着的东西上。可是列文虎克却将自己的关注点放在了看不见、摸不着的细节上。当我们跳出“惯性思维”，自然就能观察到更多别人无法注意到的细节，自然就能够用创新的思维去研究问题。

心灵箴言

非经自己努力所得的创新，就不是真正的创新。

——[日] 松下幸之助

光看别人脸色行事，把自己束缚起来的人，就不能突飞猛进，尤其是不可能在科学技术日新月异的年代里生存下去，就会掉队。

——[日] 本田宗一郎

凡是创新的时代总会有人死在半路上，但是这些失败或者遇到困难的公司并不代表他没有价值，他的价值就是告诉大家其实这个领域是可以一试的。

——李学凌

遵从内心，一份好奇一个世界

故事话题

世界建筑大师格罗培斯的一个代表作品，正是人们都非常熟悉的“童话天堂”——迪斯尼乐园。但实际上，在接到这个任务之后，他曾经非常苦恼，尤其是各个景点之间的路径该设计成什么样子，让这位世界建筑大师都非常头痛。

有一天，格罗培斯刚刚参加完巴黎的一个庆典，在前往地中海海滨的路上，他看到很多当地农民种植的葡萄园，其中有一个葡萄园是采用非常自由且原始的途径招揽生意。格罗培斯非常好奇，这个葡萄园主是如何想出这个方法呢？于是他就上前去询问个明白，原来这个葡萄园园主是一位年纪已经很大的老太太，她没有体力去招揽游客，就想出一个方法，在自家葡萄园的门口放上一个箱子，游客只需往箱子里投掷 5 法郎，就可以进入园子随意采摘。

这种让人充分感受大自然自由的方式给格罗培斯非常大的启发，于是他连忙给迪士尼乐园的工人们发了电报，让工人们在景点之间全部撒上草种，并且提前开园。

就这样，在迪士尼乐园开放的这段时间里，很多小孩子都在这些草地上随意踩出小路，后来，格罗培斯又让工人按照这些踩出来的痕迹铺设了人行道。这种尊重自然、感受自由的设计让迪士尼乐园路径的设计被评为“最佳设计”。

故事解析

好奇，是挖掘创新思维的重要因素，当我们对于生活充满了好奇之后，自然就能够挖掘出自己的创新能力。有人说过这样一句话：“好奇是研究之父、成功之母。”好奇，是引导人类走向未知领域的重要因素和全部动力。

正是因为好奇，很多天文学家才能够通过自己的研究和想象将整个宇宙都装进了自己的脑海中。

正是因为好奇，很多医学家才能够通过各种实验，研究出如何对抗细菌的方法。

格罗培斯也是因为好奇，才去仔细了解葡萄园的经营模式，最终从这里得到了灵感的启迪，运用到了迪士尼乐园的设计上。

故事穿越

随着网购的日益发达，随着商业合作方式的日益改变，快递已经成为人们生活之中必不可少的一种服务。然而，在20世纪60年代之前，全球根本就没有快递这种服务，只有最传统的邮递。

但是，一个叫弗雷德·史密斯的人通过一种思维模式的创新，不仅改变了传统邮寄的方式，更开创了快递。那个时候，他还是耶鲁大学的学生，在一篇论文中他提出了一个想法——传统的邮寄都是通过轮船和定期客运航班运送包裹。一般来说，这种轮船和定期的客运航班都是有时间限制的，大部分都是安排在白天，所以包裹运送的时间周期非常长。如果改变只在白天运输的模式，充分利用夜晚的时间，那么包裹运输的速度不就大大加快了吗？但是他的这篇论文只得了C的成绩。

毕业之后，弗雷德·史密斯筹集资金，建立了属于自己的快递公司，并且充分利用夜晚的时间来进行包裹运输，而且加强了和航空公司的合作，这就是著名的联邦快递。

故事微语

弗雷德·史密斯的创新，其实更是一种合理利用时间的改良，通过这样的改良从而达到提高工作效率、加快包裹周期步伐的进步。然而想出这个解决方法正是通过创新思维达到的。创新，不仅仅是改变了包裹邮寄的方式，更重要的是在这种改变背后，是一种思维的转变。

在此之前，没有人考虑到夜晚的时间是否能够利用起来，更没有人思考到，如果利用了夜晚的时间，究竟能达到什么样的改变。可是现在快递已经成为很多人生活之中必不可少的服务方式。除此之外，还有很多商业也同样利用了夜晚的时间继续销售，不仅为上夜班的人带来了服务，同时也促进了商业的发展。

创新，从一个问号开始，从一份好奇开始，但是却能够改变一个人的生活、一群人的生活，甚至是整个地球的人的生活。这就是创新的力量。

心灵箴言

能正确地提出问题就是迈出了创新的第一步。

——[美] 李政道

企业的成败在于能否创新，尤其是当前新旧体制转换阶段，在企业特殊困难时期，更需要有这种精神。

——黄汉清

人类的创新之举是极其困难的，因此便把已有的形式视为神圣的遗产。

——[德] 蒙森

如果你要成功，你应该朝新的道路前进，不要跟随被踩烂了的成功之路。

——[美] 约翰·D.洛克菲勒

如若说，在创新尚属于人类个体或群体中的个别杰出表现时，人们循规蹈矩的生存姿态尚可为时代所容，那么，在创新将成为人类赖以进行生存竞争的不可或缺的素质时，依然采用一种循规蹈矩的生存姿态，则无异于一种自我溃败。

——金马

超越自己，别让你的人生黯淡无光

故事话题

被称之为“乐圣”的贝多芬，尽管他的音乐才华让世人为之倾倒，然而，在他 26 岁的时候，他的听力就开始减弱，这似乎就是命运的捉弄。

可以说，这次疾病几乎压垮了贝多芬，为了避免让人发现，他开始了长达数年的孤独的生活。我们不难想象，一个依靠音乐生活下去的人，最终竟然成为一个什么都无法听到的人，这种打击是致命的。

但是贝多芬却是生活的强者，他不愿让自己成为一名普通的聋人，更

不愿意就此过着没有音乐的生活。他在心里对自己说，聋子同样能够创作出世界上最优美的音乐。我要向命运挑战！我要扼住命运的喉咙！

凭借着这种顽强的精神，贝多芬继续创作出众多大家耳熟能详的作品。在 1824 年 5 月 7 日，贝多芬再一次带领着他的乐队在音乐厅里演奏了他创作的《第九交响曲》。一曲即终，观众席内立刻爆发出雷鸣般的掌声，尽管此时此刻贝多芬已经完全听不到这样的掌声，但是却在观众们激动的表情中，仍然能够感受到大家对音乐的满足。

故事解析

每个人都有自己的底线，也都有自己无法超越的山峰。但是这些都是虚无的，只存在自己的内心之中，但是，这些并不是真实的。在我们人生的旅途中，常常会遇到各种阻碍和困难，由于自己心灵的束缚，有很多事情似乎就成为了一种桎梏，捆住了人们的手脚。

其实这种束缚就是由于“惯性思维”所导致的，如果我们能够运用创新的思维，自然就能找到解决问题的方法。贝多芬双耳失聪，在很多人心中，一个耳聋的人如何做音乐家、钢琴家呢？但是这种认知、这种看法其实并非就是真理，而是世人的“惯性思维”所导致的。而贝多芬打破了这种思维。

他不仅用自己的毅力战胜了身体上的残疾，同时用自己的创新思维战胜了世人的惯性思维，最终取得了在音乐上的成就。

超越自己，这似乎是非常容易说出口的，但是却并非是容易做到的。纵观世界上的名人，他们之所以成功，一方面是因为他们拥有超乎常人的毅力，另一方面就是他们合理地运用了创新思维。所以，当我们面对人生的困难，与其妄自菲薄、畏葸不前，反倒不如运用创新思维，寻求新的突破。这也是一种人生智慧。

故事穿越

著名史学家司马光学识渊博，这与他自幼勤奋读书是分不开的。在他很小的时候，他就下定决心一定要成为“流芳千古”的人。不过小孩子总是喜欢赖床，为了克服这个缺点，他每天都在睡觉前喝满满一肚子水，并且做了一个警枕，早上一翻身，头就磕到床板上，自然就会醒了。

通过长时间的刻苦读书，司马光很快就考取了进士，并且在宋英宗时期进入龙图阁，成为重要大臣。然而，在王安石实行变法之后，因为政治理念的冲突，司马光愤然离开朝廷，辞去功名。

我们都知道，在封建社会之中，功名对于每个读书人而言都是非常重要的，它不仅仅是名誉的象征，更是一种身份的肯定。司马光如果想要成为“流芳千古”之人，似乎只有走仕途之路，但是司马光并没有因此而放弃自己的坚持，他花费大量时间，编写史书，这就是中国历史上第一部编年体通史《资治通鉴》。

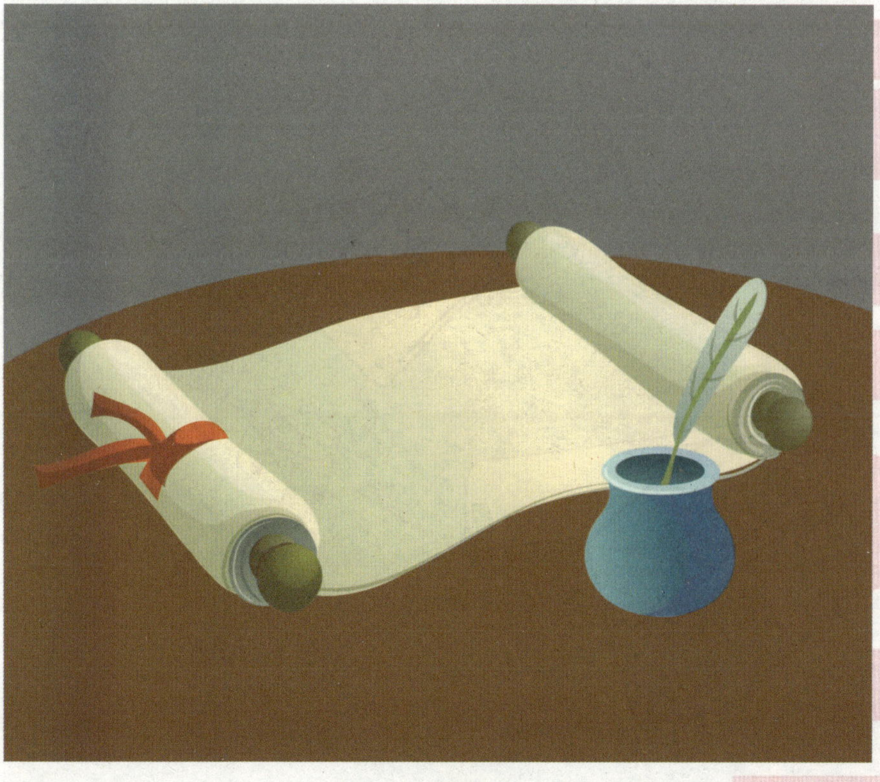

故事微语

创新，是一种打破常规的认知，是一种改变思维的方法，是一种努力进取的模式。曾经有这样一句话："常有所疑，是创新的开端。勇于破疑，是全新的动力。"

在封建社会中，读书人最常见的出路，就是参加科举考试，考取功名。但是当司马光遭遇到了政治生涯的瓶颈之后，他放下了读书人的惯性思维，通过另一种方式完成内心的梦想。最终，他编撰的《资治通鉴》不仅成为史料中非常重要的一本著作，同时世人也记住了司马光的文采。

毫不夸张地说，创新思维是人类所独具的。在人类历史漫长的流传的过程中，人们凭借着创新思维，在不断地认识世界、改造世界，从而改变着自己的生活。甚至有人这样说，人类所创造的一切成果，都是创新思维的外现与物化。创新，广泛地存在、适用于政治、军事决策和教育、生产、艺术及科学研究活动中。

我们的生活、社会的步调不会是一成不变的，所以，变化就成为唯一不变的事情，各行各业都需要通过“创新”促进发展。

正是因为有了创新，才让我们的生活逐渐丰富多彩起来；正是因为有了创新，才让各行各业有了发展的前景；正是因为有了创新，才能让市场充满了繁荣和良性竞争。

心灵箴言

若无某种大胆放肆的猜想，一般是不可能有知识的进展的。

——[美] 爱因斯坦

想出新办法的人在他的办法没有成功以前，人家总说他是异想天开。

——[美] 马克·吐温

想象力比知识更重要，因为知识是有限的，而想象力概括着世界上的一切，推动着进步，并且是知识进步的源泉。

——[美] 爱因斯坦

要创新需要一定的灵感，这灵感不是天生的，而是来自长期的积累与全身心的投入。没有积累就不会有创新。

——王业宁

第二篇

因为专注，成功才得以诞生

专注，是很多成功人士最终走向成功的关键：专注于文学，高尔基才能成为文学巨匠；专注于真理，伽利略才敢于挑战传统认知；专注于飞翔，莱特兄弟才能完成飞行器的制作；专注于奔跑，刘翔才能叱咤赛场。因为专注，成功才得以诞生。专注是一种精神，更是一种人生的态度、人生的智慧。

专注，心灵的唯一门户

故事话题

专注，是将一个人的全部精力全部放在一个领域、或者是一件事情上，不仅仅能够激发出人无穷的潜能，更能够让我们心无旁骛，达到一种全身心投入的境界。

在一个围棋俱乐部举办比赛的时候，吸引了很多围棋爱好者的关心，大家都坐在观众席里观看着比赛的进程，其中有一名年纪非常小的观众引起了教练的注意——这名小男孩始终目不转睛地盯着棋盘，不仅如此，每走完一招，小男孩就露出思考的神情，仿佛是他在和对方下棋一样。

到了第二天，这个小男孩又来了，同样是非常专注的神情，教练觉得这个小孩能够在这么小的年纪就拥有这样的专注力和定力，一定是一棵好苗子，于是就让这个小男孩留了下来。

经过三年的时间，这个小男孩成为一名围棋少年，他就是常昊。他不仅是全国“棋童杯”赛冠军，更是世界青少年围棋锦标赛冠军、第 12 届世界业余围棋锦标赛冠军。在让了四子的情况下，常昊战胜了“日本棋圣”。

故事解析

一个人只有专注于一个目标，才能在这个目标上取得成功。这种专注，是一种将自己全部精力都放在某个自己喜欢的方面。就如同常昊一样，将自己的关注点全部放在围棋的学习和研究上，最终成为了一名非常有前途的围棋选手。

很多成功的人都曾经有过专注自己研究的领域之中。专注，并不仅仅是一个简单的举动，而是我们将全部注意力高度集中在某个事物上的能力。尤其是在学习的时候，专注、注意力都是不可或缺的。

专注，更是一种精神、一种境界。有很多话都是阐述这个道理的，比如“把每一件事做到最好”“咬定青山不放松”“不达目的不罢休”等等，这些都是表现专注和精神的话语。

一个专注的人，能够把自己的时间、精力和智慧都凝聚到自己关注的事情上，并且能够自主地、最大限度地发挥积极性、主动性和创造性，努力实现自己的目标。

故事穿越

北宋时期著名的文学家、政治家、改革家范仲淹在很小的时候，父亲便过世了，只剩下他和母亲相依为命。为了生存下去，母亲只好带着他改嫁到别处，范仲淹非常懂事，更是在心里立下誓言，有朝一日，一定要出人头地，以此来报答母亲。

为了能够专心读书，范仲淹考入南都学舍，因为这所院校不仅有大量的书籍可以供学生免费阅读，而且对于相对贫寒的学子能够减免学费，这对范仲淹很重要，他也十分珍惜这个读书的机会。

在这里，他每日都专心读书。正如那句古话所讲，两耳不闻窗外事，一心只读圣贤书。在南都学舍学习的 5 年时间里，范仲淹从来没有脱下衣服好好地睡过一夜，有时候他实在是太困了，就用冷水冲脸，借此来提高自己的注意力。

就是在这样艰苦的环境中，范仲淹阅读了大量书籍，最终成为北宋时期非常著名的文学家和政治家。

故事微语

专注，能够让人忘却自己的窘境。在生活之中，我们常常会遇到很多现实方面的考验，比如贫寒、疾病等，就如同范仲淹，在贫寒、饥饿的考验下，仍然能够专注地读书。正是这份专注，才让范仲淹最终成为北宋时期非常著名的文学家和政治家。

专注是一种境界，是一种修炼出来的修养。

这份修养，是面对富贵、面对质疑、面对功名、面对权势的视而不见。正是这份专注，才能让人保持内心世界的平静、

专注是一份激情，是一份动力。

当我们面对自己所喜欢的事业和领域，自然就会充满了动力。这种动力是支持人类战胜所有困难的支柱，永不言败。

心灵箴言

惜时、专心、苦读是做学问的一个好方法。

——蔡尚思

精通一科，神须专注，行有余力，乃可他顾。

——董必武

把精力集中在有价值的东西上面，把一切对你没有好处和对你不相宜的东西都抛开。

——[德] 歌德

全神贯注，让自己像陀螺一样高速运转

故事话题

著名的数学家陈景润在日常生活里常常因为思考问题就进入一种“忘我”的状态。

有一天，陈景润在思考一道数学难题，到了下班时间，他仍然像往常那样准备加班，可是同事们都知道他这个习惯，于是随便找了个借口让陈景润按时下班了。

可是走在路上的陈景润也没有停止思考那道数学难题，即便是已经走在马路上，他还是在专心地思考着，根本就没有注意到自己走错了路。

突然，他感觉到自己撞上了什么东西，就下意识地以为是撞到了路人，于是他连忙微微鞠了一躬，非常抱歉地说道：“对不起，对不起，不好意思撞到了您。”

可是等了一会儿，对方都没有给他回应，他这才抬起头，原来他根本就没有撞到人，而是撞了一棵大树。而周围的路人正在用好奇的目光看着这个撞到了树却仍给树道歉的男人。

故事解析

全神贯注地投入到自己研究的领域，或者是自己有兴趣的方面中，自然能够有所成就。

正如同陈景润如此专注地思考问题，甚至撞到了树上。在很多人眼中看来，陈景润这样的举动让人忍俊不禁，如此著名的数学家竟然能够迷路。但是，正是因为他这样的专注，才能让他最终在数学领域中得到属于自己的成就。

然而，我们却必须承认，全神贯注在人们生活和事业上，是最有利的助手。当我们全神贯注某一个事物的时候，能够顺利挖掘出自己的全部潜能。

在众多成功人士身上，都发生过因为太过专注而引起别人笑话的事情，然而，这些事情留给我们的，绝非仅仅是一个笑料，更是一份启迪。

故事穿越

比尔是一个很成功的作家，在平时不写作的时候，他很喜欢观察鸟类。后来他为了这个爱好，就在自己家的院子里安装了一个喂鸟器。可就在安装了喂鸟器当天晚上，几只松鼠的到来不仅偷吃了喂鸟的食物，还把准备栖息在这里的鸟吓跑了。

为了解决这个问题，比尔来到当地一家五金店，店主听闻之后，就拿出一种叫作“防松鼠喂鸟器”。比尔一看，这绝对是最符合自己心思的喂鸟器了，于是就买了一个安装在自家后院里。可是天黑之后，松鼠依然来到这里偷吃了食物，而“防松鼠喂鸟器”似乎是一点作用都没有。

生气的比尔拿着这个失败的喂鸟器找到了五金店的老板，大声斥责老板没有信用。老板好笑地看着比尔，淡定地说道：“先生，请放心，我们一定会给您退款的！”

“不行，你们必须要给我找到真正能够防止松鼠的喂鸟器！”

“先生，其实这个世界上根本就不存在真正能够防止松鼠偷食的喂鸟器。”

店主的这番话让比尔非常吃惊，他简直不敢相信自己的耳朵，大声问道：“我们现在的科学技术都能让人类跑到太空去漫步，可是却无法设计和制造出一个真正能够防止松鼠的喂鸟器？”

“先生，请您想一想，您每天花费在防止松鼠偷食的时间大概是多少？”

“10 分钟左右吧。”

“那松鼠每天花费多少时间来试图闯入您的喂鸟器中呢？”

老板的这番话立刻点醒了比尔，的确，松鼠不休息的时间里，大概有98%的时间都用于寻找食物，这是动物的本能，同时也是动物们的专注。

故事微语

对于专注，似乎动物比人类更有天赋。动物为了觅食，常常是全神贯注地隐藏起自己，以此来迷惑猎物，最终再给予猎物致命的一击。又或者好似松鼠那样，尽管摆在它们面前的是很多人类布置的机关，但是这些松鼠却仍然能够轻松地躲过机关，偷取食物。这并非是因为松鼠有多么的聪明，而是因为它们够专注。

动物的专注，是出于对生存的本能需求，但同样，很多食物对它们也没有那样多的诱惑。

人类的生活丰富多彩，常常要面临很多诱惑，这些诱惑或许是物质和金钱，又或许是某一个执念，无论是哪一种诱惑，都是影响到我们全神贯注的原因。

当我们全神贯注地研究自己喜欢的领域、在乎的事业，就能够成为抵抗欲望和诱惑的盾牌，能够成为净化心灵的净化器。

心灵箴言

技之不精，由于多心。

——师旷

不一则不专，不专则不能。

——苏轼

不成心专一事，决不能达成一志。

——[日] 道元

认真是成功的秘诀，粗心是失败的伴侣。

——童第周

唯有专心致志，把心力集中在学问上，才能事半功倍。

——蔡元培

一心一意，才能收获一往无前的成功

故事话题

唐朝诗人贾岛在创作的时候是非常专注的，有时候会因为其中一个字而思考很久。有一次，他在创作一首《题李凝幽居》的五言诗，其中有一句“鸟宿池边树，僧推月下门。”他怎么想怎么觉得这个“推”字用的不是很好，于是又想不如将“推”字改成“敲”字。可还是觉得有些不妥。

贾岛开始纠结起来，便开始在脑海中思考，到底用哪个字比较好。可是由于他思考问题太过专注，不知不觉，他骑的小毛驴竟然走到了官员的仪仗队中。

在封建社会里，等级制度是非常严格的，闯入官员的仪仗队这本身就是一条大不敬的罪名。但当时他闯入的恰好是“唐宋八大家”之一韩愈的队伍中，韩愈本身也是一名文人，他很奇怪这名僧人[在参加科举之前，贾岛出家为僧]怎么会如此大胆，竟然闯入官员的仪仗队中呢？于是他就问贾岛是为了什么？

贾岛一听原来站在眼前的竟然是大名鼎鼎的韩愈，就将自己心里的困惑说了出来。韩愈非常坦诚地说，还是用“敲”比较合适。就这样，这首《题李凝幽居》流传了下来，并且成为贾岛的代表作品。

故事解析

一心一意地做事情，是取得成功的最佳方法。

在我们的生活中，我们常常会感觉到自己的精力不够用，因为有太多的事情可以分散我们的精力，毕竟现如今我们的生活充满了色彩，并不仅仅只是充斥着各种工作和学习。然而，我们所说的一心一意，并非是将全部时间和精力都放在工作、学习、事业方面。而是在我们工作的时候，就要全心全意地工作；学习的时候，全心全意地投入；玩耍的时候，就要全心全意去玩。

我们常常会遇到这样的问题，在玩耍的时候，总是惦记着没有完成的工作；在工作的时候，总是想着玩耍时候的快乐。很多人都知道自己有这方面的缺点，然而却不知道该如何去解决。

其实，面对这样的问题，最好的解决方法就是想方设法地让自己专注起来，去抵抗外界带来的躁动。

故事穿越

著名的物理学家爱因斯坦同样是一个非常专注的人，在他思考问题的时候，不仅仅是两耳不闻窗外事，甚至常常连自己做了什么都不知道。

有一次，爱因斯坦过生日，他的好朋友为了给他庆祝生日，就约他到咖啡馆，给他准备的生日礼物就是爱因斯坦向往很久的一道美食——伏尔加鱼子。爱因斯坦非常开心，在整个用餐时间里，他一直都在和朋友讨论着他对惯性定律的研究。

等用餐结束之后，朋友问他："伏尔加鱼子的味道怎么样？好吃吗？"

可是爱因斯坦却露出茫然的表情，反问道："我们刚才吃的是鱼子吗？"

还有一次，爱因斯坦在下班路上也是一边思考问题一边往家走，可是走到一半他突然发现，这条路他完全不认识，他家在哪里也辨别不清了。无奈之下，他只好打电话到办公室问自己的秘书，秘书听到爱因斯坦形容自己所在位置之后，连忙赶过去。最后，爱因斯坦是在秘书的带领下，才回到了自己的家。

故事微语

太过专注，身边的很多事情就会逐渐被忽视掉，正如同爱因斯坦常常专注于思考问题，对于外界的反应自然就会变得迟钝，所以才会忘记自己吃了什么、做了什么，满脑子想的都是自己在思考的问题。也正是因为他如此专注与思考，才能取得巨大的成功。

有很多人都在想，如何才能专注呢？其实答案非常简单，就是放下自己内心的躁动。在世界上，存在着太多的纷纷扰扰，保持自己内心的平静，自然就能够看淡这些纷扰带来的涟漪。

专注并非是短时间的迷恋，而是长时间地付出精力去钻研，所以为了保持专注，一方面需要毅力去坚持，另一方面需要兴趣爱好。有人曾经说过，让事业成为你的爱好，自然就会投入自己的全部精力。所以在人生的旅途中，努力寻找自己的爱好，并且全心付出，自然能够取得真正的成功。

心灵箴言

成大事不在于力量的大小，而在于能坚持多久。

——[英] 约翰逊

专注、热爱、 全心贯注于你所期望的事物上，必有收获。

——[美] 爱默生

只要专注于某一项事业，就一定会作出使自己感到吃惊的成绩来。

——[美] 马克·吐温

伟大的事业根源于坚韧不断地工作，以全副精神去从事，不避艰苦。

——[英] 罗素

专心致志，朝三暮四要不得

故事话题

两次获得诺贝尔奖的著名科学家居里夫人在学生时期非常酷爱读书，每次在她读书的时候，同学们就仿佛是看到了一座雕像，一动不动。不管周围的环境是多么嘈杂，也都不会影响到居里夫人。她的这种习惯让她的同学们都感到不可思议，觉得难以置信。

几个和居里夫人要好的小伙伴总是想捉弄她，每当居里夫人在看书的时候，她们就故意跑到她身边，又唱又跳、说说笑笑，好不热闹，可是这些声响根本就无法影响到居里夫人。

为了捉弄居里夫人，几个小伙伴又想出其他主意。居里夫人每次看书的时候，都是眼睛不离书本，依靠余光和身体感应就能找到位置。于是这些小伙伴们就开始用椅子玩起了“叠罗汉”——她们摆好了第一层椅子，然后又把几个椅子搭在上面。

果然，没过一会儿，居里夫人就捧着一本书走了进来，她完全没有理会小伙伴们，而是坐到椅子上，十分专注地看着书。让小伙伴们吃惊的是，经过重新叠加的椅子已经很高了，而且因为叠加变得并不平稳，就在这样的椅子上面，居里夫人居然还是十分专注地阅读。

直到居里夫人读完整整一章，她才将目光从书本上移开，因为重心发生了偏离，她轰的一声从椅子上掉了下来。已经失去耐心的小伙伴们连忙赶过来，看到摔倒在地、一脸茫然的居里夫人，就赶紧将她扶起来，向她道歉。但是居里夫人完全没有生气，而是到书架上去寻找下一本书去了。

故事解析

正如前文所说，专心，并非是短时间的迷恋，更重要的就是毅力的坚持。毅力，对于人生的成功是至关重要的关键，无论在生活、事业还是学业方面，自然就少不了坚持的力量。

持续性的专注，更容易形成规律性，形成人生的好习惯。就如同居里夫人持续性地专注地阅读书籍，才让自己能够在各个方面的知识量形成一定的储备量。并且在尔后的人生中，成为她研究科学的智囊。

对于所有人而言，专注一时是非常容易的事情，但是长时间的专注就是一件很困难的事情。但是，想要取得成功，就必须让自己将专注形成一种习惯，成为一份人生的毅力。

故事穿越

本杰明·富兰克林自幼家境贫寒，也正是因为这个原因，他不能到学校去接受教育。从少年时代开始，他就学会了独自谋生，但是求知欲旺盛的他却用自己辛辛苦苦赚来的钱去买书。

为了阅读，富兰克林常常会废寝忘食，困了就用冷水洗脸提神。可是由于他太穷了，连一盏油灯都买不起，后来他认识了几个书店的学徒，虽然这些学徒不能将书店的书随意赠送给他，但是却能让他在这里偷偷地阅读。到了晚上，就留他在家中看书，甚至特意为他留一盏油灯。

就这样，富兰克林度过了无数个专注阅读的夜晚，他阅读的范围非常广泛，从自然科学、技术方面的通俗读物到著名科学家的论文以及名作家的作品，他都孜孜不倦。也正是因为这样专注的阅读，让他在此后的人生之中，收获到了成功。

故事微语

专心致志，才能完成人生的跳跃、取得事业上的成功。

专注是一份发自内心的自信，是一种人生的豪气。如果要专注某一项事业、某一个领域，自然就要对自己充满自信，坚信“天降大任于斯人也”。

只有坚信，才能经受得住人生之中的风吹浪打，经受得住任何挫折和失败，才能百折不挠，锲而不舍，才能直面困难，才不会随波逐流，在世事纷扰中迷失自我。

富兰克林在读书的时候，不仅能够专心致志地投入自己的精力，更能用自己的毅力去面对生活之中的贫寒和困难。这正是成功人士带给我们的启迪。

心灵箴言

只要功夫深，铁杵磨成针。

——李白

蟹六跪而二螯，非蛇之穴无可寄托者，用心躁也。

——荀子

完成伟大的事业不在于体力，而在于坚韧不拔的毅力。

——[美] 约翰逊

要从容地着手去做一件事，但一开始，就要坚持到底。

——[古希腊] 毕阿斯

主导自己，不被情绪左右

故事话题

清朝伟大的文学家曹雪芹先生这一生经历了无数坎坷，他出生于南京，曾祖父曹玺是江南织造，祖父曹寅是康熙皇帝的伴读和御前侍卫，此后担任江南织造，是康熙皇帝的重要心腹和宠臣。可以说，曹雪芹的父辈们在清朝是非常辉煌的，这也让曹雪芹在少年时代过了一段富贵荣华的生活。然而，在雍正皇帝继位之后没有多久，曹家就因为统治阶级内部斗争被革职抄家，从此，曹家就此败落。

正是经历了曹家这一系列的变故，让曹雪芹充分见识到了封建社会官场内部的黑暗，自此，他坚决不走仕途之路，蔑视权贵，远离官场。尽管他的清高让他的生活一贫如洗，可是他却从来都不因为清贫而向现实折腰。

尽管遭逢巨变，但曹雪芹并没有让这种情绪引导自己，而是坚定了心中一个信念——要把自己心中的故事流传下去。后来，他就在这种艰苦的环境之中，开始写作长篇著作《红楼梦》，他非常专注，将自己的全部精力和心血都放在创作之上。

在那段时间，曹雪芹非常贫寒，“举家食粥酒常赊”，只能依靠朋友接济和卖画勉强维持生计，可贫寒也无法阻挡曹雪芹的决心。他“披阅十载，增删五次”，最终完成旷世名著——《红楼梦》。

故事解析

在现实生活中，我们常常会遭遇到自己不愿意遇到的苦难和坎坷，面对这一切，我们似乎没有任何能力去改变。但是我们能够做到的，就是疏导自己的内心的情绪。

著名文学家曹雪芹一生经历了太多的挫折，可是他并没有因为这些挫折感到沮丧，更没有放弃自己的人生。相反，他更加坚定了自己的信念——用10年的时间撰写了旷世名著《红楼梦》。

对于很多人来说，所面对的人生困难自然不会有曹雪芹那样的遭遇，所以，对于人生的挫折和失败，无需被情绪左右自己的心境。只有这样，才能让心情平静下来，更加专注地面对人生的所有挑战。

故事穿越

美国陆军部长斯坦顿是个非常耿直的人，常常是心里想什么就会表现出来。

有一天，他来到林肯的办公室，刚一走进去就气呼呼地冲着林肯嚷嚷起来，原来有一个少将用带有侮辱性的话语指责他，让他感到非常气愤。

林肯看着他非常愤怒的样子，就建议斯坦顿，既然这样生气，不如写一封信回敬那个不知礼数的家伙！

斯坦顿觉得这是个好主意，就立刻采取了行动，他用非常尖刻的话语将那名少将辱骂了一番。写完这封信之后，斯坦顿

觉得自己内心平静了许多。

然后他将这封信写好了之后，就准备将这封信放到信封里，可是林肯却从他的手中抽出这封信，顺手就用打火机点着了。对于这个举动，斯坦顿非常好奇。

林肯回答道：“生气时候写的话不过就是为了让你出气用的，这封信当然不能寄出去，我都是这样做的。既然现在你已经觉得解气了，就请你再写第二封信吧。”

故事微语

情绪的产生，主要是因为事态没有按照我们预先料想的发展轨迹去前进，又或者突然遭受到别人的恶意批评。就如同斯坦顿在面对那个少将的评价之后，内心开始不平静了，所以就在内心产生了不良情绪。

而林肯的解决方式就是通过写一封永远不会寄出去的信来疏导自己的情绪。这绝对是一个非常好的方法。

每个人都会有自己的情绪，尤其是在对于不同的事情，也会产生出不同的情绪，可是情绪的产生，却能影响到我们内心的平静，从而让我们无法再专注于自己的事业、学业。所以，在情绪面前，要学会如何主导自己、疏导自己，从而达到生活的平静。

心灵箴言

路漫漫其修远兮，吾将上下而求索。

——屈原

要做到坚韧不拔，最要紧的是坚持到底。

——[俄] 陀思妥耶夫斯基

天才等于百分之一的灵感加百分之九十九的汗水。

——[美] 爱迪生

取得成就时坚持不懈，要比遭到失败时顽强不屈更重要。

——[法] 拉罗什夫科

人生实在是一本书，内容复杂，分量沉重，值得翻到个人所能翻到的最后一页，而且必须慢慢地翻。

——沈从文

第三篇

学会观察，练就一双发现的眼睛

观察，是每个人都具备的一种能力。最初，人类通过对周围环境的仔细观察，来判断自己所在的环境是否安全；后来，人类通过对动物习性的观察，发明了很多有助于自己生活的工具。更重要的是，观察成为人类生活之中想要取得成功的关键因素。因为观察，人们能够规避工作上的危机；因为观察，人们能够在工作上锻炼出自己的细心；因为观察，人们可以发现更多的机遇。

观察力是创造力的眼睛

故事话题

东汉时期著名的天文学家、地理学家张衡自幼就是一个善于观察的孩子，他喜欢阅读天文、地理方面的知识。在他心里非常清楚，如果想要在这些方面得到真正的锻炼，就必须通过实践和观察，才能得到相关的知识。

为了观察天文、地理，张衡先后到达了长安、渭河平原，观览了太华、终南间的风云景色、名山大川。通过这种实地的考察，考察当地的民俗习惯、地理土质的松软、肥沃程度，并且对当地的很多古代遗迹进行了非常细致的观察，积累了丰富的素材。

在他游历名山大川的过程中，张衡经历过几次地震，深知地震给百姓们带来的危害，于是他开始细心观察，研究地震的原理。后来他发现，在地震之后，会产生地震波，并且这种地震波能够传达到非常远的地方，并且离地震源越远，这种声波越弱。

张衡就想，可以通过这个原理制造一台测量地震的地震仪，终于在公元 132 年发明了世界上第一架地震仪——候风地动仪。

这台地震仪制作完成之后没几年，有一天，地动仪的一个龙机突然发动，吐出了铜球，掉进了下面蟾蜍的嘴里。大臣立刻将这个消息报告给了皇帝，但当时京城根本就没有感受到任何地震的波动，于是皇帝就认为这台地震仪不灵。没过几天，西北方向的甘肃省就有奏折上报，前几天甘肃省某个地方的确发生了地震，而地震仪显示的位置恰好就是同样的位置。

故事解析

观察，并不是简简单单地观看，而是要用一种探究、质疑、思考等心态去仔细地观看，并且通过观察发现问题、寻找解决方法。这才是观察最重要的意义。

张衡通过对地质方面的观察，发现了地震之后的规律，掌握了地震波传递时候的某些特性。正是因为观察到了这种特性，他才能够发明地动仪。

对于很多成功的人而言，观察是非常关键的一种能力。善于观察的人，往往更容易发现问题，更容易找到解决问题的方法。观察不同于一般的观看，也不同于对于细节方面的注重，而是具有一定目的性、计划性的行为举止。

众多科学家通过观察，寻找到了各种解决问题的方法，正是这一切推进了人类的进程。无论是张衡发明了地震仪，还是其他科学家的发明创造，都和观察有着密不可分的关系。

故事穿越

代表着中国古典文学经典的四大名著之一《西游记》的作者吴承恩是一个非常注重创作态度的作家，尽管他所写的《西游记》是一部长篇神魔小说，但是吴承恩格外注重对描写的真实性。

由于《西游记》的主角之一——“齐天大圣”孙悟空是一只石猴，书中会有大量关于他猴性的动作描写和表情描写。为了能够描写出猴性，吴承恩不仅大量地阅读了相关的文献，还专门研究了猴子的生活习性。

吴承恩并不满足于文字方面的认知，总是觉得如果能够真正地观察到猴子是如何活动，才能更好地进行描写。有一天，他在市场上看到有人在卖猴，价格却十分昂贵，当时他的生活非常清贫。可是为了能够更好地描写孙悟空，吴承恩拿出了自己全部积蓄买下了这只小猴。

他先是将这只小猴养在书房里，通过日夜不间断的观察，他终于了解了猴子的动作、神态，以及动作和心理，甚至能够通过猴子的一个眼神就能了解到猴子想要做什么。后来，吴承恩又不满足于在书房里观察猴子，他不惜以自己年迈的身体攀山越岭，想要给这只猴子找一个野外的生存环境。

这个地方就是连云港云台山下，在小说中，被化作“花果山水帘洞”。他将猴子放回到山林之后，就在这里找了个茅屋居住下来，长期观察猴子在野外的一举一动，甚至包括它如何和其他动物之间的交流过程。

正是因为这样的细心观察，吴承恩终于完成了旷世名著《西游记》，尤其是其中孙悟空的描写最为成功，成为世人心中永不磨灭的“齐天大圣”。

故事微语

吴承恩描写的“齐天大圣”孙悟空惟妙惟肖，成为中国人最为熟悉的角色之一，除了精彩的故事，对这只“石猴”的描写同样非常重要。之所以他能够掌握到了猴子很多习性，原因其实很简单，就是因为他能够花费很多时间和精力去观察一只猴子的动作。

观察能够让我们得到更多创造力，或许对于很多人而言，创作离自己非常遥远，更多的人所做的都是日复一日、年复一年地重复，从而形成了自己的一生。但是，创造力却是一种能够化腐朽为神奇的力量。

有很多成功的人，都非常注重培养观察的能力。现如今，对于青少年的教育也同样注重这方面的培养。观察，能够让人勾起内心深处的好奇心。正是这样的好奇，才能够去思考解决方法，最终让观察力成为创造力的眼睛。

心灵箴言

统治愈完全愈好，观察愈普遍愈好。

——[法] 笛卡儿

应当细心地观察，为的是理解；应当努力地理解，为的是行动。

——[法] 罗曼·罗兰

书并不以用处告人，用书之智不在书中，而在书外，全凭观察得之。

——[英] 培根

我既没有突出的理解力，也没有过人的机智。只在观察那些稍纵即逝的事物并对其进行精细观察的能力上，我可能在别人之上。

——[英] 达尔文

从观察开始，延伸自己的思维

故事话题

著名的英国生物学家、进化论奠基人——达尔文，从小就非常喜欢观察周围环境之中的花鸟鱼虫。在童年的时候，他常常爬到树上去看鸟是如何将幼崽孵化出来；时常跑到河边去钓鱼，将鱼养在自家的鱼缸里观察鱼的习性；到了夏天，就更是达尔文的乐园，他非常喜欢抓来蝴蝶、蜻蜓等昆虫，将它们制成标本。

后来，在达尔文开始工作之后，他仍然没有放弃这样的爱好，常常在工作之余就到树林里去观察，甚至是一棵小草的变化、一只虫子的蠕动，都能被他记到自己的笔记本上。

有一天，达尔文工作累了，依然是到树林里去散步，恰好他看到一棵树上有几只雏鸟等着母亲觅食归来，于是他就站住了，仰着头仔细地观察着它们的变化。过了许久，小鸟的母亲终于回来了，它将虫子喂给其中一只小鸟，就又飞走了……达尔文这才晃了晃自己已经僵硬的脖子，突然发现，自己的腿上竟然有一只小松鼠，并且顺着自己的身体已经爬上了他的肩膀。原来因为他长时间一动不动，让这只松鼠以为他是一个木桩。

正是因为达尔文能够在长期的生活、工作之中细心观察动植物，积累了很多相关的资料，最终达尔文发现了伟大的“进化论”。

故事解析

观察，通常正是第一个步骤。当我们在接触到一件全新的事物，或者是一件非常熟悉的事物中出现了新的问题，自然而然地，就会在心里形成一个问号。心中有了问号，就会自主去寻找答案。

正如同达尔文一样，在他的一生中，观察无处不在，所以当他走进森林之后，那些动植物的各种变化就成为他心中的问号，通过寻找问题的答案的过程中，达尔文不仅打开了自己的思维，同时还发现了“进化论”，解开了人类进程最大的谜团。

善于观察，并不仅仅是用一双眼睛去看，更重要的是，是要用心去看、用脑去思考。从观察到思考，这本身就是一种习惯性的思维模式，因为在观察的过程中，总是能够发现一些问题所在，在内心深处形成一个问号。当内心中存在问号之后，势必就会去寻找答案，再通过这个行为从而打开自己的思维。

故事穿越

伽利略是世界上最著名的物理学家、天文学家，并且被称作“近代力学之父”。在他年仅17岁的时候，他非常喜欢提问题，甚至成为课堂上老师最不喜欢的学生之一。

有一天，比罗教授正好在讲胚胎学，他按照教科书上说：“孩子的性别，是由父亲的强弱所决定的。如果父亲身体强壮，母亲就生男孩；如果父亲身体衰弱，母亲就生女孩。”

听到老师这样说，伽利略立刻想到自己家邻居的情况，就立刻举起手来，大声说道：“老师，我有提问。”

老师瞥了一眼，一看又是伽利略，就有点不高兴地说：“怎么又是你？你的问题也太多了。”

“老师，刚才您说父亲如果强壮，就能生儿子，但是我家的邻居，丈夫身体非常强壮，可是他的妻子却连着生了5个女儿，老师，这和您所说的情况正好相反。我不太明白。”

比罗教授听到伽利略如此质疑自己，就立刻指着教科书说道：“我是根据古希腊著名学者亚里士多德的观点讲的，怎么会错呢？”

但是伽利略却并不买账，他说：“如果亚里士多德讲的并不符合事实，也要硬说是对的吗？我认为，科学一定要与事实符合，否则就不是真正的科学。”

伽利略因为自己在生活上细心的观察，对于真理的不懈追求，最终成为了一名非常了不起的科学家。

故事微语

在现实生活之中，常常有很多细节，只有当我们拥有一双善于观察的双眼，才能从这些琐碎的点滴里得到启迪。而这些生活里的智慧，往往就能够决定一个人是否能够走向成功。

伽利略通过对自己邻居的观察，发现所谓的遗传学理论在现实之中并不是完全准确，于是就提出了自己心中的疑惑。尽管在后来他并没有在遗传学方面有所发展，可他将这种精神发挥到了天文学和物理学方面，最终获得了人生的成功。

思维，就好似是一个坚固的城堡，有着自己固有的模式，无论是在学习还是生活方面，这种固定的思维模式在给我们带来便利的同时，也带来了束缚。当我们遇到了问题之后，往往会按照固有的思维方式去思考，而观察才能让我们在细微之处收获灵感，从而打破这种思维的禁锢。

在观看刑侦影视作品的时候，对此我们感触最深，常常是一个非常细微的线索，就能成为破案的关键因素。在生活之中同样如此，我们在固有的思维模式面前，能够省时省力地将思考变成换一种角度，但是只有观察到细节，才能获得灵感，延伸自己的思维。

心灵箴言

我们要给自己的热心找一个不可分离的伴侣，这个伴侣就是严格的观察。

——[法] 巴斯德

谁要认识自然的最大秘密，那就请他去研究和观察矛盾和对立面的最大和最小吧。

——[意] 布鲁诺

我们需要训练自己的观察能力，培养那种经常注意预料之外事情的心情，并养成检查机遇提供的每一条线索的习惯。

——[澳大利亚] 贝弗里奇

睁开你创造力的双眼

故事话题

在很多博物馆、或者是民俗展览的时候，我们常常能够看到“泥人张”的泥人，“泥人张”的创始人张明山之所以能够创造出“泥人张”的名号来，和他善于观察生活是分不开的。

在他很小的时候，因为家里贫穷，他无法继续念私塾，只好辍学回家帮忙。他的父亲就是制作泥塑玩具的，常常在家里做好让他拿到街上去沿街售卖。到了张明山 13 岁的时候，他也开始学习如何制作泥塑。但是他认为，如果想要制作受人欢迎的泥塑，就要做到惟妙惟肖。

为此，他常常搬个凳子到院子门口坐下，一坐就是一个下午，为的就是观察来来往往的人，他们的身份、他们的举止、他们的神态等等。观摩好了，到了晚上他就开始做一个这一天他观察之后印象最深的人物造型。

经过长时间的努力和锻炼，张明山捏泥人的水平越来越高，不但人物的塑造惟妙惟肖，甚至连人物的性格、思想和感情，都能表现出来。因为张明山的名气越来越高，有很多人都是慕名前来，希望能够让张明山为自己捏一座泥人，毕竟在那个年代没有照相机。所以人们想要留下自己的影像，除了作画之外毫无办法，泥人张的生意就这样红火起来。

有一天，一个地方上的恶霸来到张明山的铺子面前，非要让张明山给他捏个泥像，并且说道，如果不像，就让他好看。没过多久，张明山就抓住了他流里流气的神情特征，捏出出了一副流氓的丑恶嘴脸。恶霸看了之后非常生气，想要揍张明山。但是张明山立刻将泥人举在恶霸的面前，问围观的人到底像不像，大家都说非常像。恶霸听闻，灰溜溜地离开了。

就这样，张明山通过自己对于人物的细心观察，最终形成了自己的“泥人张”的名号。

故事解析

观察，能够让我们在细节之处做得更好、更出色。观察力和创造力形影不离，在我们的人生之中充当着舵手的角色，创造力为人生指引方向，而观察力就是源源不断地补给能量。

正如张明山的成功道路一样，捏泥人并非是什么创新之举，只是作为一种民间手艺，供那些手艺人借此生存。但是不同于其他手艺人，张明山更加细心观察人物动态、神情，并且将这些和“模特儿”背景联系起来，就仿佛是带给泥人灵魂一样。

毫不夸张地说，张明山之所以能够创作出与众不同的泥人，并非是他有什么非常突出的制作方法，只是按照父亲的步骤一步步地完成，但是最不同的就是他肯用一双观察的眼睛去看待那些他需要去观摩的模特儿。

风靡一时的纪录片《舌尖上的中国》中众多美食都是需要用观察的眼睛去对待，只有如此，才能够将原材料和美味结合到一起。一份美食都是如此，更何况我们的人生呢?

故事穿越

莫泊桑是法国最著名的现实主义批判作家之一，他的作品以批判现实、揭露人性著称。然而想要做到这些，就需要对生活、对人性通过大量的观察来做到。最初，在莫泊桑开始学习写作的时候，他就跑到福楼拜[同样是法国批判现实主义小说家]家中去询问，如何能够写出优秀的文学作品呢？

福楼拜就问他：“你想写什么故事呢?”

原来莫泊桑从邻居的口中听到了几个非常好的故事，他觉得如果把这些故事写成文学作品，将是一件非常有意义的事情。但是福楼拜听完之后摇了摇头，他说道：“我建议你不要匆忙地开始写作，不如先做一些练习。你现在骑着马出去跑一两个小时，等回来之后把自己的所见所闻记录下来。”

于是莫泊桑听从了福楼拜的建议，但是当他将自己的所见所闻交给了福楼拜之后，他说，如果想要成为一名真正的现实主义批判作家，就必须坚持这个习惯，用一双善于发现的眼睛去观察周围的生活。就这样，莫泊桑将这个习惯坚持了一年之久，后来，他终于完成了自己的成名作《点心》。

故事微语

莫泊桑作为非常出名的现实主义批判作家，之所以能够在作品之中用如此犀利的言语，一针见血地描写社会和人性，这就不仅仅是文笔的好坏，更重要的则是能够观察到这一切，无论是社会中的弊病，还是人性的阴暗。

他用一双观察的眼睛，看待着周围发生的一切——他曾经目睹过士兵们为了祖国浴血奋战的神勇，也见过士兵们倒在血泊之中的挣扎；他经历过底层人民因为生计而苦苦挣扎，也见到了底层人民最简单淳朴的快乐；他结交过贵族的虚伪和冷漠，也见识到了贵族变脸的速度。生活的多变性带给他无穷无尽的创作灵感，这一切观察的结果都化作了创作的动力。最终，他完成了文学创作的升华。

每个人的人生都是由大大小小的、不同的经历构成，这些经历成为我们人生之中最宝贵的财富。通过经历，我们可以观察到人生百态，让这些观察为形成创造力去服务。

心灵箴言

你所不理解的东西是你无法占有的。

——[德] 歌德

越容易理解的事物，越容易保存于记忆之中；反之，越难理解的事物，越容易忘记。

——[西班牙] 斯宾诺莎

聪明睿智的特点就在于，只需要看到和听到一点，就能长久地考虑和更多的理解。

——[意] 布鲁诺

有的人一点也不理解他们应当做的事情，而只理解他们已经做了的事情，仿佛理性的眼睛长在背后，只能看后面的东西似的。

——[英] 菲尔丁

用眼观察，用脑思考

故事话题

英国著名的科学家焦耳自幼就非常喜欢物理学，甚至常常自己动手做一些关于物理方面的实验，并且通过对这些实验的细心观察，从而让他发现了很多物理学方面更为细致的研究。

有一次，他和自己的哥哥到郊外旅游，两个人玩得非常开心。突然之间，天空乌云密布，电闪雷鸣，眼看这一场暴风骤雨就要袭来，但是细心的焦耳突然发现，他们是先通过肉眼看到闪电，之后耳朵才听到轰隆隆的雷鸣。

焦耳非常奇怪，就问哥哥，为什么我们先看到闪电，才听到打雷呢？

哥哥一门心思都在找地方避雨，哪里还管得上弟弟的疑问，就非常不耐烦地挥挥手。

焦耳一看哥哥对这个问题没有一点兴趣，于是就独自跑到外面，用怀表记录着每次打雷和闪电之间相隔的时间。

第二天回到学校，焦耳就找到了老师，讲出自己心中的疑惑。

老师非常耐心地告诉他：“其实闪电和雷鸣是同时发生的，但是由于光速比声速快很多，所以人们总是先看到闪电，才能听到雷声。这就是自然现象。”

焦耳听完之后，对物理学更感兴趣了，后来他终于通过自己的观察和研究，发现了热功当量和能量守恒定律，成为了一名出色的物理学家。

故事解析

观察是视觉方面的一种冲击，人生百态，都是通过视觉去关注，但是最重要的是，能够让这些视觉影像沉浸到自己的脑海之中，形成一种自主的思考。如果观察到的问题最终没有形成思考，那么观察不过就是一种行为。

焦耳通过观察看到了暴风骤雨之中“闪电比雷声快”这个自然现象，在脑海中思考这个自然现象背后的科学道理。那时候的他因为年纪小，自然是想象不出来缘故，带着思考，他就去询问老师，最终得到了这个自然现象的科学解读。

自然现象，任何人都能够观察到，可是能够思考到这样自然现象背后原理的人却不多。这就如同很多人看到了生活之中的细节，却并不往心里去，或者只是将这种现象当作一种习惯，并没有加以思考，那么这样的观察就变得毫无用处。

而正确的做法，就是将观察到的现象转化成一种创造力的关键要素——思考。在日常生活之中，我们的大脑在飞速运转，只是这种思考的成功率究竟有多少，最终就能够改变我们人生的方向。

如果我们花费很多时间去思考专业问题，自然就能收获成功，当然也有很多人在思考的都是无用的问题，这样自然不能成功。当我们通过观察发现问题，去思考问题，最终收获到问题的根本原因和解决方法，这才是一个完整的思考过程。

故事穿越

中国古代伟大的医学家、药物学家李时珍之所以能够写出旷世名著《本草纲目》，不仅仅是因为他高超的医药学知识，同样还因为他对药物细心的观察，并且在他的一生之中，始终保持着一种对科学研究十分严谨的态度。

为了提高自己的医

术，李时珍遵从了自己父亲的教诲，读万卷书不如行万里路，他开始去游览各地，细心钻研医学。

有一次，他在读书的时候看到古代著名药物学家陶弘景记载说，河边有一种叫作穿山甲的动物，以吃蚂蚁为生。李时珍看完之后觉得非常好奇，蚂蚁体积非常小，书上描写的穿山甲体型相对比较大，它是如何吃掉那么小的蚂蚁呢？

为了弄清穿山甲是如何吃蚂蚁的，他特意在河边静静等待着，想要看穿山甲如何进食。穿山甲是一种非常警惕的动物，如果它认为周围的环境有危险，它就会选择到另一个地方，李时珍为了等待观察一次穿山甲进食，他长时间站在河边，让穿山甲慢慢习惯他的存在。

后来，李时珍终于看到了穿山甲是如何进食的，原来穿山甲身上的一块块鳞片，能够自由伸开，并且散发出一种特殊的气味来吸引蚂蚁。当蚂蚁爬满了鳞片之后，穿山甲立刻收拢这些鳞片，然后钻到水里，让蚂蚁成为河水上飘着的尸体。这样，穿山甲就能美美地享用一餐。

就是凭借着这种对待科学细心观察、实事求是的态度，他修正补充了大量的资料，最终完成了医药巨著《本草纲目》。

故事微语

观察、思考，并且最终得到解答，这并不是一个非常容易的过程，而更不容易的，是实践过程。任何一种问题，在最终得到解决之后，还需要通过实践来证明。要不然怎么会有这样一句话——“实践是检验真理的唯一标准。”

李时珍在研究医药学的时候，就是通过观察、思考、实践3个步骤完成的，最终形成了《本草纲目》这本医药学著作。我们不难想象，在明朝那个没有实验的时代，也没有像现如今这样条件完善的实验室，所以在医药学方面，只能通过观察的过程中，一一记载。

穿山甲如何进食，原本是与医药学完全无关的内容，但穿山甲鳞片可以治疗恶疮，有活血、下乳、消肿、排脓等功效，用于乳汁不通、痈肿疮毒、闭经、关节肿痛等症。所以它的进食就和医药学的疗效、是否有毒有着非常重要的关系。为了研究，李时珍特意去观察这些细节，为的就是能够让药物发挥出最大的功效。

观察和思考之间的作用是相辅相成的，没有观察，思考就成了一种空想，成了没有依据的浮萍；没有思考，观察就成为了一片过眼云烟，无论观察到了什么，最终都只能成为人生之中的一个风景，却无法成为成功的转折。所以，观察细节，最终也要通过思考去成就人生。

心灵箴言

细节在于观察,成功在于积累。

——[美] 爱默生

一切推理都必须从观察与实验中得来。

——[意] 伽利略

观察与经验和谐地应用到生活上就是智慧。

——[俄] 冈察洛夫

戴上墨镜，世界在你眼前就立即失去了光彩。个人的不幸往往是脆弱者观察生活的墨镜。

——[英] 培根

看常人所看，想无人所想，做没人所做

故事话题

发明了蒸汽机的发明家瓦特常常会提很多在旁人眼中看来莫名其妙的问题。他出生于一个叫作格林诺克的小镇子上，在那里，家家户户都是生火烧水、做饭。

有一天，他坐在院子里看书，他的母亲正好在烧水，于是就对瓦特说，让他帮忙看着点，如果水开了，就赶快告诉她。

瓦特年纪非常小，他就问烧水怎么算开呢？

母亲就指着水壶的壶嘴说，如果水开了，这上面的金属片就会被水蒸汽吹起来，然后发出声响，这时候就是水开了。

瓦特一听觉得非常新奇，他连忙放下手中的书，蹲在水壶旁边，仔细观察。果然，没过多久，水壶就开始往外冒水蒸汽，从最初特别小，到后来越来越多，最终水蒸汽将金属片吹了起来，发出声响。

这个场景给瓦特留下了很深的印象。后来在瓦特发明蒸汽机的过程中，这个水蒸汽顶起金属片的场景成为了他发明的重要灵感。

故事解析

或许有人会觉得，观察，无非就是去看待生活中发生的一切，但实际上这也是一个误区。观察，绝非是一种盲目的行为，而是带着目的性、计划性的举动。观察，同样也具有异同性，在别人能够发现问题的地方，我们也要去发现，但对于其他人发现不了的细节，更需要投入精力。

纵观众多成功人士，有许多人都是通过对细节的观察和思考受到了启发。瓦特通过对烧热水的过程发现了蒸汽的力量，从而发明了蒸汽机。

水壶烧水，烧开之后，水壶上方的金属片被蒸汽顶起，发出声响，这本来就是一种非常普遍的现象，其他人都将这种现象视为常态。可是瓦特却从中得到了启发。关注他人不关注的点、观察他人不以为然的细节，成为成功的关键因素。

有很多成功人士都说过这样的话，他们认为成功的要素就是在于去做别人不做的事情，并且将这件事情做到极致。看常人所看、想无人所想、做没人所做，这就是他们成功的诀窍。

故事穿越

美国有一家牙膏生产公司，他们制造的产品质量好、包装精美，所以在市场上受到很多消费者的欢迎，在短短的10年时间里，这家公司的牙膏就成功占据了市场。

然而，每一个企业到了一定的阶段之后都会进入瓶颈期，前10年，这个公司每年的营业额都能够增长10%左右。但是在进入了第11年之后，公司的营业额突然停滞不前，甚至有被其他公司反超的趋势，这让公司的董事们都非常不满。他们召开了经理级别以上的高层会议，希望能够商量出对策来。

就在大家愁眉不展的时候，一个刚刚担任经理的年轻人站了出来，他胸有成竹地对董事长说："我有一个主意，但是如果你们要是采用了我的主意，并且成功了，就必须另外支付5万美金。"

董事长听完之后，心里更加不满，但是又想看看年轻人到底出什么主意，于是他拿出一张支票本，写了5万元的支票。年轻人告诉董事长——将现在的牙膏开口直径扩大1毫米。

董事长将信将疑地下令，让工厂更换新的包装。没想到的是，就是这样一个小小的举动，竟然让这家牙膏公司在短短的几年时间内，营业额增加了32%。

故事微语

在我们的人生之中，会遇到各种各样的困难和瓶颈，如何能够突破自己，绝非是要去开拓新的领域，而是在于去观察那些曾经没有关注到的细节，并且从中收获灵感。

正如同这家美国牙膏公司一样，当他们发现销量停滞不前的时候，大多数人都在想，如何能够通过促销再去创造销量，但是却并没有想到如何改变产品本身。而年轻的经理却注意到了牙膏开口直径这个非常细微的关键点。

挤牙膏，这是我们日常生活之中最常做、也必须做的一个行为，可是否能够通过这个动作去思考牙膏开口直径是否合适，能够让挤牙膏的速度和量最为合理。开口大了，自然就会浪费牙膏；开口小了，自然就会有不顺畅之感。

尽管这种生活之中的细节影响看似不大，但在实际的市场上却是举足轻重的关键要素，这名年轻的经理正是看到了这个细微之处对于整个市场的影响，最终收获了这5万美金的奖励，以及他今后不可限量的前途。

一些细节，在生活中似乎并不十分重要，长时间被人们所忽视，可往往在取得成功的路上，这些细节正是关键之处。所以，想要收获成功，就必须时刻注意观察，凡事多加思考。

心灵箴言

观察，观察，再观察。

——[俄] 巴甫洛夫

要测量一个人真实的个性，只须观察他认为无人发现时的所作所为。

——[英] 麦考莱

观察对于儿童之必不可少，正如阳光、空气、水分对于植物之必不可少一样。在这里，观察是智慧的最重要的能源。

——[苏联] 苏霍姆林斯基

第四篇

培养记忆，建造创新的储存库

记忆力，是人们在学习、工作方面非常重要的一种能力。如果将大脑形容成一台设备优良的计算机，那么记忆力无疑就是硬盘容量，想要让这台计算机快速且优良地运作下去，硬盘的作用也是至关重要的。记忆力既是一种天赋，同样也能通过锻炼而培养，它能让我们的大脑成为一个记忆储存卡，时刻为我们奋斗而提供能源。

好的记忆力是创新的基础

故事话题

著名作家托尔斯泰记忆力非常惊人，有一次，他撰写了小说《魔力》之后不久，不慎将原稿丢失。周围的人听到这件事之后，都非常惋惜，但是托尔斯泰却不以为然。

没过多久，一家出版社的编辑找到了托尔斯泰，因为要出版一本小说集，其中有一篇就想选用他的这篇《魔力》。有人告诉那位编辑，托尔斯泰已经将原稿弄丢了，估计这次是要无功而返了。但是托尔斯泰却不慌不忙，他只花费了一天时间就将自己的原稿默写下来。

很多文学家、作家对于文字的记忆力都非常惊人，比如著名作家茅盾。有一天，开明书店的老板宴请茅盾、郑振铎等作家。酒过三巡，菜过五味，老板就提议找点节目来助兴。大家一听纷纷同意。老板接着说：“听闻沈兄[茅盾，原名沈雁冰]能够背诵《红楼梦》，不如我们就随意抽取其中某个回目来考考他？”

茅盾也正在兴头上，连忙点头应允。郑振铎随手拿出一本《红楼梦》来，点了一篇，只见茅盾开始背诵，半个多小时过去了，竟然一字不差。大家都纷纷感慨茅盾记忆力惊人。

故事解析

我们常常看到有人这样形容别人的记忆力，比如“过目不忘”，比如“博闻强记”，有很多人都非常羡慕这样的记忆力，可是自己在生活中却是个非常健忘的人。

但是，记忆力并非一定就只是天生的，通过后期培养同样也能够达到。像托尔斯泰、茅盾这样的大作家，能够拥有如此出色的记忆力，这与他们平日在读书的时候花费了大量的时间和精力是密不可分的。

我们常说熟能生巧，一本书在阅读第一遍的时候，或许只是脑海中一点点的印象；第二遍的时候，自然就能够从中吸收到一定的知识；第三遍、第四遍……最终这本书就成为脑海中不可磨灭的文字，正如同孔子所说——“温故而知新”。

头脑中每一点一滴的知识都是这样积累而成，最终成为我们人生之中的智慧和财富。

故事穿越

欧洲最伟大的古典主义音乐作曲家之一——莫扎特同样也是记忆力非常惊人。在1770年，莫扎特到罗马的圣提里教堂去欣赏亚里格的演奏。

在欣赏过程中，他被那奇妙的演奏所吸引了，甚至陶醉其中。由于当时在教堂里所演奏的音乐是不允许任何人将乐谱取走，所以这些音乐在外界还不曾流传，即便是莫扎特，也没有欣赏过。

可是，就在演奏会结束，莫扎特回到家里以后，因为他太喜欢这段音乐了，竟然凭借着自己惊人的记忆力将这段旋律写了下来，并且一个音符都没有发生错误。这个事情也让人们大吃一惊，甚至感到不可思议，原来莫扎特竟然有这么好的记忆力。

故事微语

记忆力的重要，并不仅仅在于能够为我们提供丰富的知识，成为一座隐形的宝藏，更重要的是，这份宝藏能够激发出我们创新的灵感。

正所谓“机会只给那些有准备的人”，当我们遇到了可遇不可求的机会的时候，与其说是否准备好抓住这个机会，倒不如说是否有能力去接受这份挑战。

能力，是对我们个人综合实力的考量，其中知识储备也是非常重要的一个组成部分。在我们工作的时候，如果记忆力这座宝库储备量足够丰富的话，工作起来自然能够得心应手很多，同样也非常节省时间；反之，当我们的脑海中没有太多的知识量储备，在工作的时候每遇到一点问题就需要去查找资料，不仅浪费时间，同时也耽误了工作的进度。

记忆力的好坏，决定了自身知识量的储备。当然，这里所谓的知识量并不仅仅是指专业知识，同样也有很多非专业的知识。一般来说，很多人

都会认为，只要掌握了专业知识，自然就能够胜任工作。但实际上，除了专业知识以外，如果想要取得成功，需要丰富很多其他领域的相关知识，毕竟这些都是融会贯通的。

所以，拥有一个好的记忆力，无异于是奋斗道路上的如虎添翼。

心灵箴言

记忆为智慧之母。

——[希] 亚里士多德

记忆是一切脑力劳动之必需。

——[法] 帕斯卡尔

锻炼记忆力的良好方法是锻炼自己的注意力。

——[英] 爱德华兹

记忆力并不是智慧；但没有记忆力还成什么智慧呢?

——[美] 哈柏

高度集中，注意是记忆的唯一门户

故事话题

有“话剧皇后”美誉的北京人艺元老级的艺术家叶子，曾经为北京人艺引进了众多“大家”，比如英若成、董行佶和梅阡等。2012 年 8 月 26 日，叶子在北京病逝，享年 101 岁。

叶子这一生之中，有一个非常好的习惯——写日记。当年她刚刚接演《龙须沟》中丁四嫂这个角色，为了以最好的状态完成演出，她每天都要写表演日记，至少 6000 字。后来，就养成了写日记的习惯。

后来因为身体原因，叶子无法每天坚持写日记，就两三天写上一篇，将自己经历的开心的事情，对生活的种种感悟，都会付之于笔尖。正是写日记，让这位百岁老人的记忆力丝毫没有减退，不仅如此，她的思维能力也非常清晰。

日记

故事解析

记忆，让我们的精神世界丰富多彩，更让我们懂得珍惜。老艺术家叶子常年书写日记，通过这种方式让自己在日常生活中对自己的专业进行一种回顾、再吸收的过程。

年轻时候的叶子，日记对于她并非是一些无病呻吟的感悟，而是非常重要的表演日记，将自己每天彩排、表演的过程记录下来，从中找到自己的收获。相信她之所以能够被称为“话剧皇后”，正是出于这样一个习惯。

如何能够锻炼自己的记忆力，最基础的就是要集中自己的全部精力。

无论我们做什么，只有全力以赴，才能达到最好的效果，记忆同样如此。当我们将子还记得注意力全部集中，自然就能达到事半功倍的效果。就如同叶子一样，在研究表演、积累经验的时候，她通过写表演日记的方式，让自己全身心地投入。

在我们学习的过程中，如果能够将自己的注意力高度集中起来，自然就能够提升自己的记忆力，从而在学习、工作中收获成功。

故事穿越

在战国时期，赵襄王想要学习驾驶马车的技术，于是就找到了当时非常擅长驾驶马车的王子期。学成了之后，就嚷嚷着要和王子期比赛，看谁驾驶马车的技术好。

在比赛的时候，无论赵襄王用什么方法，都无法超越王子期，赵襄王很不高兴，说道：“你教我驾车技术的时候，肯定还有诀窍没有教给我，否则我怎么总是输给你呢?”

王子期回答：“我已经把自己所有技术都教给你了，但是在驾车的时候，一定要注意马和车辆配合是否稳妥。所以赶车人一定要将自己的所有注意力都放在引导和马奔跑时候的相协调性，这样才能跑得快、跑得远。您在驾车的时候，注意力全部都放在我身上，就无法驾车，这就是您落在后面的原因。”

这就是历史上著名的“赵襄王学御”的典故。

故事微语

在学习的过程中，能够将自己的精力高度集中，是非常关键的一个条件。我们每个人都会有这样的经历：在上课的时候，老师总会教导我们，不管做什么事情，集中精神是非常基础的要求。

当我们集中精神，才能够调动起大脑里的全部细胞，才能够让自己的全部注意力都关注到我们需要掌握的知识方面。赵襄王在学习驾驶马车的过程中，总是想着如何超越王子期，自然就无法集中精神，自然就不能够成为一个出色的驾车者。

正所谓一心不能二用，只有集中精神才能将自己的能力发挥到极致，记忆力同样如此。当我们背诵课文的时候，只有集中精力，才能在短时间内将课文记在脑海之中。

心灵箴言

以愉快的心情学得的，会永远记着。

——[美] 马什

几乎没有人会记得他所丝毫不感兴趣的事情。

——[英] 麦克唐纳

凡是记忆力强的人，都必须对自己的记忆充满信心。

——[美] 胡德华

记忆差的好处是对一些美好的事物，仿佛初次遇见一样，可以享受多次。

——[德] 尼采

灵活思维，让记忆力超凡脱俗

故事话题

文学界泰斗钱钟书，有人幽默地评价他为“具有照相式的记忆力”，原来是因为他有过目不忘的本事。

当初，钱钟书为了能够阅览更多的书籍，提出了这样一个口号——“扫荡图书馆”，并且身体力行，常常到北京大学图书馆、社科院文学所和国家图书馆里阅读书籍。只用了短短几年时间，就将里面他感兴趣的图书阅览完毕。

1979 年 5 月，钱钟书参加中国社科院代表团访问美国，有很多人都听闻过钱钟书的大名，有很多大学都邀请他去讲学。这些讲学都没有事先做好准备，可是不管学生们问到什么问题，钱钟书都能对答如流，哪怕是几十年前看过的旧书，钱钟书都能够大段大段地翻译成英文背诵下来，并且能够用幽默的方式再讲解出来。

故事解析

在很多时候，我们的记忆力都是短期的，专心致志地记忆之后，这段知识或许能在我们的脑海中停留几天、几个月，但是超过这个时间之后，记忆力就会减退，原本已经记住并且熟练掌握的知识也会逐渐变得模糊。

如何能够延长记忆的时间，这并不是一个多么深奥的问题，但是关键就在于我们是否能够持之以恒，且灵活掌握。

持之以恒——将记忆这种行为由始至终贯穿下去，只有长期坚持，才能够提升记忆的能力。

温故知新——无论记忆多么深刻的知识，在长时间不温习的情况下，自然就会随着时间逐渐遗忘。如果想要长时间保持对它的记忆力，就需要不断温习来延长自己的记忆时间。

灵活掌握——在工作学习中，很多知识都是相互关联的，如果能够灵活掌握这些知识，自然就能延长相关的记忆。

故事穿越

伟大的无产阶级革命家、政治家、思想家、理论家列宁同样记忆力惊人。据说，只要是列宁看过的资料，哪怕是最为繁琐的国民经济统计的资料，他都能够了如指掌，哪怕是别人随便问一个数字、一个数据，列宁都能够说出在第几页能够查找到。

有时候，他的助手常常找不到相关资料，于是就红着脸来找列宁，原本是做好了挨骂的准备的。可没想到的是，列宁听到他哪里遇到了困难，直接就告诉他去找哪一本书籍作为参考，并且能够准确地告诉他大概在第几页能够找到答案。

有一天，列宁正在办公室里阅读，工作人员敲门进来，例行报告。列宁一挥手告诉他："你说你的，不用管我在做什么。"

工作人员只好拿出笔记本来仔细地做报告，但是他一边做报告一边用余光偷瞄列宁，其间列宁目不转睛地盯着书，丝毫没有停下来的样子，工作人员就停了下来。谁知，列宁突然抬起头来问道："怎么不说下去了，我听着呢！"

故事微语

灵活的思维，能够增强我们的记忆力，并非是凭空想象出来的。我们每天都要接触非常多的信息量，这些信息中，有一些是全新的、曾经完全没有接触的知识，但大部分都是我们曾经学习并且掌握的。如果能够灵活掌握，活学活用，这才是学习知识的最终目的。

列宁能够一边看书、一边听工作人员的报告，并非是他具有一心二用的超人才能，其实真正原因就是在于他的筛选过程。当他看到自己非常熟悉的文字的时候，自然就会将注意力转移到收听工作人员的工作报告方面；当他听到自己熟悉且了解的工作报告，自然就会将注意力转移到阅读的书本上。

当我们的知识储备量达到一定的程度之后，自然就能够拥有如同列宁同志这样的筛选、甄别的能力。

所以，在记忆的过程中，并非是完全地死记硬背，才能丰富我们的知识储备，更重要的是要拥有一个灵活的思维。

心灵箴言

背诵是记忆力的体现。

——[俄] 托尔斯泰

记忆是知识的唯一管库人。

——[英] 锡德尼

有着污染的记忆是一种永远的毒药。

——[英] 夏绿蒂·勃朗特

让我们不要用过去的哀愁拖累我们的记忆。

——[英] 莎士比亚

学会联想，丰富你的记忆世界

故事话题

在陈可辛导演的电影《中国合伙人》之中，黄晓明扮演了一个土得掉渣的成冬青，他来自农村，经过三次高考才考上了大学。大学毕业之后，他和两个好友孟晓骏、王阳都希望能够签证去美国，可是却失败了。最终和王阳一起创办英语补习班。

尽管成冬青在很多时候都表现得非常土，但是其中几个细节却让人印象深刻——为了能够学好英语，成冬青背下一整本英语词典，而且是每上市一本他就背一本；他能在去往美国的飞机上背下一整本法律文书。

或许有人会觉得奇怪，成冬青为何能够如此迅速地背诵下来，其实电影中还有一个细节，就是成冬青在授课的时候使用了“联想教学法”，通过对英文的趣味解读让学生记下单词。这就是他记忆力超群的诀窍。

故事解析

有很多人都有这样的感受，在背英语单词的时候常常被26个英文字母弄得头昏脑涨，就算是记住了，过段时间也就全然忘记。如果运用自己已经熟练掌握的知识去进行联想记忆，这种情况就会好转很多。

在电影《中国合伙人》中，成冬青在开办英语学习班之后，从英语发音开始谐音到汉语之中，并且运用汉语的意思去进行解读，比如 ambulance，英文单词原意为救护车、野战医院，是一个名词，可是成冬青却将这个单词音译为“俺不能死”，通过这种方式让大家记住这个单词的原意，很多同学都非常快速地掌握了这个单词。

其实这就是非常简单的“联想教学”——通过联想，将我们陌生的、没有掌握的知识，嫁接到已经熟悉的、充分掌握的知识上，让这两者之间形成一种条件反射。一提到“俺不能死”，就想起英文单词 ambulance，提到 ambulance，就能想起救护车、野战医院等意思。

通过这样的联想，让我们不再通过枯燥地死记硬背就能记忆深刻，这样不仅能够促进学生的主观能动性，同时还让我们在学习的过程中找到一种乐趣，自然就能够丰富我们的记忆力。

故事穿越

被誉为“湘西才子”的沈从文在记忆力方面有着超于常人的优势，尤其是在他撰写《中国古代服饰的研究》一书时，这种本领更是发挥到了极致。

这本书从准备着手到开始撰写，沈从文花费了半生心血，从收集关于中国古代服饰的研究文稿，到整理成文，沈从文花费了大量的时间，并且根据服饰的类别、时间都分门别类地记录下来。

然而，就在沈从文准备开始撰写的时候，因为一些历史原因，他精心整理的这些资料付之一炬，他也被迫到农村去养猪种菜。可是即便是这样的时期之中，沈从文依旧是将这些资料凭借着自己的记忆写下来，并且将古代特有的图案都画在纸上。

就是这些根据他自己记忆重新整理，最终撰写而成《中国古代服饰的研究》。

除此之外，沈从文在授课的时候，不带任何讲义、不翻阅任何资料也成为他的一大特色。除了携带一些珍贵的古丝绸锦缎的原件之外，他几乎都是两手空空地站在讲台上。可是在讲课的时候，他却能够将近百的分期和断代随口讲出来，可见这些知识都已印在他的脑海中。

故事微语

沈从文通过对中国古代服饰的研究，最终形成了自己专业研究的领域。或许很多人都会觉得奇怪，他是怎么做到在面对如此晦涩难懂的文言词汇之中，仍然能够记得如此清晰呢？

其实沈从文记忆力出色是一方面，长时间研究是一方面，但还有一个方面就是通过联想。中国古代，历朝历代都有自己的服饰特色，这些特色虽然并不相同，但之间也是存在着相互关联的。

比如，唐朝的衣服有一部分特色就是沿用了汉服，民国的旗袍就是来源于清朝满族女性的传统服装等等。这本身不仅仅是一种衣物方面的传承，更是一种文化的传承。

而且历朝历代都留有相关的画作，其中对于服装的绘画非常之多，通过文字记忆以外，还能够通过图像进行联想记忆，所以沈从文能够在失去资料之后还能将自己掌握的知识整理出来，这就是联想记忆的优点。

心灵箴言

记则思不起。

——张载

读书方法，在循序而渐进，熟读而精思。

——朱熹

一切知识的获得是记忆。记忆是一切智力活动的基础。

——[英] 培根

余尝谓读书有三到：谓心到、眼到、口到。心不在此，则眼不看仔细，心眼既不专一，却只漫浪诵读，决不能记，记亦不能久也。三到之中，心到最急，心既到矣，眼、口岂不到乎？

——朱熹

给“我”信心，我一定能“记住”

故事话题

美国通用电气公司前首席执行官杰克·韦尔奇被人们称为“全球第一CEO”，他曾经说过这样一句话：“所有的管理都是围绕‘自信’展开的。”

他绝非是信口雌黄，而是亲身经历。韦尔奇自幼就口吃，说话结巴，所以在童年时就常常遭到别的小伙伴的歧视。他的母亲就常常鼓励他说：“你口吃是因为你太聪明了，只有聪明的人舌头才特别长。”韦尔奇就相信了自己的母亲，从未因为自己的口吃而感到自卑。

在韦尔奇上学之后，他开始热爱篮球运动，但是韦尔奇个子并不高，他有点胆怯，生怕自己不合格。母亲鼓励他说，想做什么就竭尽全力去做。在韦尔奇参加篮球队之后，他是整个球队个子最矮的一个，尽管他并没有因为篮球而有什么非凡的成绩，却因此而锻炼了自己的自信心。

韦尔奇正是通过自己的自信，从而获得了属于自己的成功。

1

故事解析

我们常常听到有人会这样说，没办法，我天生就是个没记性的人。也有学生对家长讲，我就是记不住，用了很多方法都记不住。

其实在任何时候、任何领域中，自信都是非常重要的一个条件，记忆也不例外。有很多学生都有过这样的经历，某一个科目，无论花费多少心思，可是仍然是记不住，无法提高成绩，久而久之，自然就心灰意冷，认为自己在这个科目上没有天分。

其实我们常常走入这样一个思想模式之中：一次失败，认为是自己大意了；两次失败，多少都会怀疑自己的能力；三次失败，不用别人说，就会认为自己天生就不是做这一行的料。但如果细想起来，自信在这个过程中应该起到什么作用呢？

在人生旅途之中，每个人都会遇到各种坎坷和挫折，无论是在学习、工作，还是生活、家庭之中，如果真的因为失败几次就否认了自己吗？这当然是错误的，失败了首先要找到根本原因，或许是一次粗心，或许是本身的方法就是错误的，根据失败的原因再调整自己的方法和方向，才能取得真正的成功。

在面对困难的时候，不要轻易说自己不行，更不要妄自菲薄。自信起来，才能拥有灿烂的明天。

故事穿越

在 20 世纪 20 年代之前，国际地质和地理学界长期流行一种观点，认为中国内地没有“第四纪冰川”。然而，中国著名的地质学家李四光却并不这样认为，他在对地质进行考察的时候，曾经感受到，中国应该有“第四纪冰川”的存在。

然而，当李四光提出了反对意见之后，因为当时还处于民国时期，中国的任何声音都有可能被淹没，所以李四光的观点并没有得到任何人的认同。在 1921 年，并不服输的李四光亲自到河北太行山进行实地考察，后又到华北和长江流域等地区进行考察，最终寻找到了“第四纪冰川”存在的证据。

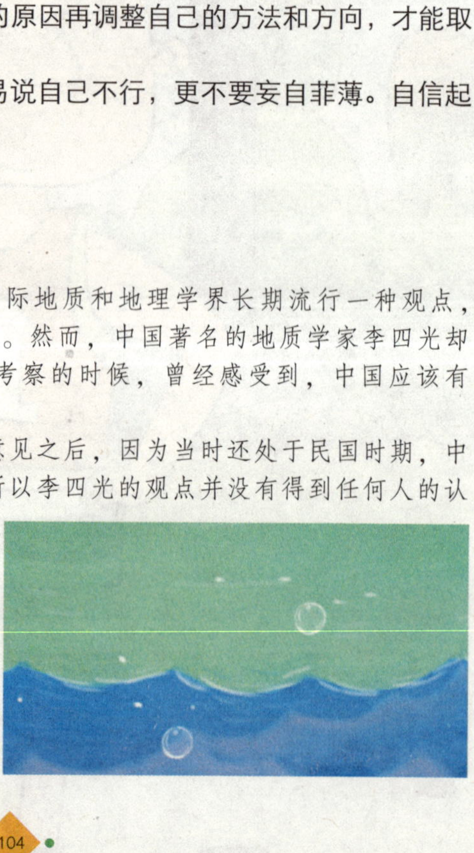

同样是在这个时代，美国美孚石油公司曾经到我国西部地区

打井，希望能够找到油田，但是经过长时间的勘测，他们仍然毫无收获。后来，美孚石油公司就宣布，中国是个地下无油的国家。

李四光仍然是不服气，不能因为美孚公司的失败就认定中国地下无油。经过长达30年的时间，李四光运用陆相沉积理论，相继发现了大庆油田、大港油田、胜利油田等等。

故事微语

自信，并不仅仅是体现对自己，同样也包含着对待自己的专业领域和自己的国家。正如李四光在研究“第四纪冰川”，他就非常自信，即便是美国主流媒体都认为中国不可能具备“第四纪冰川”，他也绝不妥协。

李四光心中的自信，当然不只是心中的一股怨气，而是建立在充分的调查、研究、实地考察之上。通过自己专业的知识，再加上实地考察，李四光用了几年的时间，终于证明了中国拥有“第四纪冰川”，并且成功地发现了多处油田。

自信，并不仅仅是一种气质，更是对自己的准确认知，这一点在记忆力方面，自信同样非常重要。当然，这份重要并不是唯心论里的我想怎么样，我就能怎么样，而是在坚定自己的同时，通过各种途径来增强记忆力。

心灵箴言

方法乃记忆之母。

——[英] 托·富勒

缺乏兴趣，将使记忆消失。

——[德] 歌德

谁善于留心，谁就善于记忆。

——[英] 约翰逊

应该经常思考我们想记忆住的东西。

——[意] 圣·托马斯·阿奎那

人，如果没有记忆，就无法发明创造和联想。

——[法] 伏尔泰

第五篇

想象力比知识更重要

想象，是活动在脑海之中最丰富的一种行为。人类通过想象，不仅发明了很多新鲜的机器，从而提高人类的生活水平，同时也通过想象，让我们的生活变得多姿多彩。想象，是头脑中天马行空的驰骋，是毫无现实约束的联想。正是这种能力，打破了习惯思维的禁锢，冲破了现实条件的束缚。

丰富想象，储存创意的源泉

故事话题

戴尔公司的创始人迈克尔·戴尔常常“胡思乱想”，在他 8 岁那一年，戴尔看到一则广告，广告上说如果经过一种专门的考试，就能够直接拿到高中毕业文凭。戴尔觉得这是非常好的机会，于是就立刻去申请。当然，这则广告不过是一个笑话，戴尔却并没有因此而改变自己的生活理念。

到了高三那一年，电脑成为很多学生口中的新鲜玩意，但是当时的电脑还并没有达到普及的程度，售价非常之高，所以很多学生根本就买不起。

戴尔想到他无意中看到过一则消息，IBM 公司有一个规定，经销商每个月必须到电脑公司提取一定数量的个人电脑，这是写入了合同之中的规定。可是这些经销商并不能真正地按照自己提取的数额全部销售出去，所以时间一长，自然就有很多库存。

他想到一个非常好的方法，就是通过低价去购买这些已经被市场淘汰的、长期积压在库房里的电脑，通过加装配件、改进性能之后，再卖给那些需要电脑却买不起的需求者们。

就这样，戴尔获得了自己第一桶金——整整 5 万美金。后来，戴尔又将这笔钱投资到了广告上，就这样，很多商业机构也都成为了他的顾客。

故事解析

或许在很多人眼中看来，戴尔的成功，实在是一个非常冒险的举动，一个高三的学生，却企图利用电脑这种新鲜玩意赚钱。可是他做到了，不仅如此，他做得非常出色，不仅让更多的人接触到了电脑，还创建了属于自己的品牌。

其实戴尔的成功，不仅仅是他的勇敢，更重要的是，他能够在发现了新的商机之后，放手去做。在他准备投资之前，和很多人一样，他也遇到了各种各样的难题，但是戴尔却常常在脑海中想象，遇到了问题，我有多少种解决方法，每一种解决方法中有多少难题、有多少不可抗拒的因素。

因为想象，戴尔不仅充分估计到了每一次的困难，同时也想到了应对方法。这种事先做好打算的方式，本身就让戴尔占据了商机的主动权。

在很多时候，我们常常会存在这样一个思想上的误区，认为想象不过就是一种幻想，换句话说就是白日做梦。但实际不然，每一个梦想在实现之前，都是幻想，难道不是吗？

故事穿越

著名的物理学家牛顿从小就非常喜欢思考，生活中发生了什么，他都要想一想，这究竟是为什么。在他刚刚 12 岁那一年，他就表现出自己对实验和机械发明的浓厚兴趣，常常自己动手做一些小发明。

有一天，牛顿坐在苹果树下休息，突然一个苹果恰好掉了下来，正好打在他的头上。

这原本是非常普通的一个现象，但是在牛顿的眼中，这就是一件非常奇怪的事情，他心里想，为什么这个苹果偏偏会掉在地上，却不能往天上跑呢？后来他又接着联想，为什么人一跃而起之后，还是会稳稳地落在地上呢？

年幼的牛顿也想不出这个问题的答案，就去问母亲，可是母亲也说不出个所以然，只是告诉他，好好念书，长大了你就能够想明白了。

果然，牛顿在长大之后，成为了著名的物理学家，并且发现了“万有引力定律”，从而解出了苹果为什么只能掉在地上的“难题”。

故事微语

想象，不是头脑中盲目的幻想，幻想自己今后如何成功、幻想自己的未来多么辉煌，而是在看到某种事物之后进行的联想。

牛顿在看到苹果落到地上之后，他首先想到的就是为什么会掉下来，是地面上有什么力量吸引住它了，还是它自身的重力导致它掉下来呢？进而再想到为什么人跳起来之后，是落回到地面上，而不是飞起来呢？

的确，这些想象同样是天马行空，在很多人眼中甚至有一丝丝可笑，但是这种想象却是一个人通过现象寻找本质的过程。

任何一种发明创造都离不开想象，有的想象是合理想象，有的不过就是灵光一现，可是正是因为这些想象，推动着科技的进步。

心灵箴言

缺乏智慧的幻想会产生怪物，与智慧结合的幻想是艺术之母和奇迹之源。

——[西班牙] 哥雅

今天比以往任何时候都更需要幻想、梦想和预言，即对潜在的明天的想象。

——[美] 托夫勒

每一个时代都是靠幻想养育的，以免人们过早地放弃生活，使人类走向死亡。

——[英] 康拉德·约瑟夫

所谓天才人物本来就是指那些十分富于幻想的人。天才人物总是积极主动地使用幻想能力。总之，他们在思考问题时总是用幻想来开道，在幻想的遥远彼岸获得启示之后再返回到现实之中，因而思想的跨度极大。

——[日] 高桥浩

想象是心灵之花，发现属于自己的美丽

故事话题

在西方国家，儿童的想象力是家长心中的头等大事，如果谁要是损害了孩子心中的联想能力，就会成为家长心中的“头号敌人”。所以，在西方国家的很多学校之中，都非常重视学生的联想力和创造力。

在 1968 年，美国发生了一起引起轰动的诉讼。一个叫伊迪丝的小女孩刚满 3 岁，有一天，她和母亲出去逛街，在路过一家商店的时候，伊迪丝指着门牌上的“OPEN”字样，骄傲地告诉母亲，她认识了这个单词第一个字母是“O”。

但是伊迪丝的母亲反应非常吃惊，她立刻询问伊迪丝是怎么认识的。伊迪丝回答说，是在幼儿园里老师薇拉小姐教给她的。伊迪丝的母亲非常气愤，她认为薇拉小姐和幼儿园剥夺了自己孩子的想象力，于是就将薇拉小姐所在的劳拉三世幼儿园告上了法庭。

或许大家都觉得这个官司非常惊人，但是伊迪丝的母亲却有自己的理由——在小孩还不需要认识英文字母的时候，幼儿园过早地教会了他们，这样一来就剥夺了孩子们童真的想象力。在此之前，伊迪丝只会将“O”说成是太阳、足球、鸡蛋等等圆形的东西。可是幼儿园教会了她之后，她就失去了这种想象的能力。所以，她要求幼儿园承担这种后果，并且要求赔偿精神损失费 1000 美金。

结局有些出人意料，毕竟在大众的眼中看来，这场官司多多少少都有些荒唐，然而，法庭却宣布伊迪丝的母亲胜诉。

OPEN

故事解析

东、西方在教育方面存在着很大的差异，或许在一些家长的眼中，伊迪丝的遭遇并非是什么大事。但是在伊迪丝母亲看来，毁掉了自己孩子的想象力，无疑就等于毁掉了她做梦的权利，也毁掉了她凡事先开动脑筋去想象的能力。

想象，是每个人与生俱来的本领，但在成长的过程中，因为很多约定俗成的规矩，或者是习惯性思维，让我们的想象也带有了一定的约束力。

但是，众多创造，都是来源于想象，不让习惯思维固定住我们想象的翅膀。

故事穿越

世界上发明了第一架动力飞机的设计师莱特兄弟，正是通过自己的联想力，才能够完成对飞机的制造工作。

在莱特兄弟少年的时候，他们就已经显现出机械设计、维修方面的特殊能力，因为家境贫寒，他们只能跑到工厂里去看那些师傅们是如何修理机器。时间长了，师傅们因为很喜欢这两个聪明的孩子，就将很多修理机器的原理和方法都教给了这两个小家伙。他们进步得非常快，很快就能够做出一些创意性的小玩具，比如能够自由转弯的雪橇。

有一天，他们的父亲从外面工作回来，在路上给他们买了一个玩具——一只会飞的蝴蝶。兄弟两个都非常高兴，只见父亲给玩具上好发条，这只蝴蝶竟然在空中自由地飞了起来。尽管蝴蝶飞的时间并不长，只有几秒钟的时间，但是对于兄弟两个人来说，却是非常新鲜的。

玩了几天之后，莱特兄弟就不满足于这只会飞的小蝴蝶了，他们开始想象，如果这个玩具足够大，大到能够承担起一个人、几个人的重量，那么人类是不是就能够坐在这样的机器上飞起来了呢？想到这里，他们两个就开始着手拆卸，开始研究这只蝴蝶玩具是通过什么原理飞起来的，然后就准备做一个尺寸更大的仿制品。

但是可惜的是，因为毫无经验，他们这次的尝试失败了。不过这场小小的挫折并没有让他们感到颓废，反而激发了他们制造飞机的决心。

故事微语

想象，在发明创造方面，常常是点睛之笔，正如这只发条蝴蝶玩具带给莱特兄弟的启示一样。在此之前，莱特兄弟也想象过如果自己能够像大雁一样在天空中自由飞翔该有多好，而这个蝴蝶玩具更是给他们提供了想象的空间——想要像大雁一样飞翔，可以制作一个巨大的蝴蝶玩具，人可以坐在里面。

在创新的过程中，我们常常会说，想象就是头脑里闪过的火花，因为有了想象，才能让很多发明在脑海中得以形成。

而在我们日常生活中，想象也同样重要，这种想象并不仅仅是发明创造，或许只是一个小小的创意，却能让我们从中感受到很多快乐，收获喜悦。又或者因为这一个小小的创新，让我们在工作中收获到一片赞赏。

人类离不开想象，现实是让我们脚踏实地的努力，想象则是任我翱翔的天空。所以，让想象发挥它最大的能量，成为我们奋斗的力量。

心灵箴言

学到了最后阶段，便遇上了想象。

——[法] 雨果

想入非非是通向科学探索的必需的和首要的步骤。

——[美] 查尔斯

想象力是能动的知识，是创造力和智慧的必要背景。

——赵鑫珊

想象并非论据，更不会导致证明，但心灵渴望它们。最聪明的实验者发现，有 20 个想象比只有一个想象好，在这些想象是相互矛盾的情况下更是如此，因为人类的理智早已知道如何对付矛盾。

——[美] 亚当斯·亨利

亲近自然，刺激你的想象力

故事话题

在 1984 年，里根当选了美国总统。当时美国全国推荐了一篇优秀的小学生作文，其中的描写让人觉得非常富有联想力：

一批小学生在学校里读书，几节课过后，他们感到非常疲惫，老师为了让学生们稍作休息，就将他们集体带到了户外去玩。

孩子们接触到大自然非常开心，突然一个小孩在树丛里发现了一个蛋。他很惊讶地大声叫喊出来，引起了学生们的注意，大家纷纷围了上来，猜测这究竟是什么蛋。

有的猜测是麻雀蛋。立刻有学生反驳，麻雀蛋没有这么大。

有的猜测是鸭蛋。立刻有学生反驳说，鸭蛋比这个个头小。

甚至还有人异想天开，认为这是一个恐龙蛋。

就在大家争论不休的时候，老师站出来说，大家都想知道这是什么蛋，那不如我们把它抱回到教室里，通过加温、孵化，看看孵化出来的究竟是什么小动物，不就一目了然了吗？

结果，大家猜猜出来的是什么？小鸡？小鸭？小鸟？都不对！里面走出了一个里根总统！

这就是被全国推荐的优秀作文，当然被推荐的原因并非是因为它有多么好的文笔，而是那种属于小孩子丰富的想象和开放的思维，正是这些，让这篇作文赢得了社会的赞赏。

故事解析

人们常说，儿童的世界是最纯净的，因为在儿童的内心之中，没有半点功利心。在他们的眼中，天空永远是一片蔚蓝，花朵永远是那么灿烂。这就是自然状态下的精神世界。

里根当选了美国总统之后，这篇来自学生们的作文，在很多成年人的眼中多多少少都带调侃的意味，毕竟里根原本是好莱坞演员出身，却跻身于政坛之中。可是在孩子们的眼中，里根只是新一届的总统，这个身份并没有任何意义，他和任何一个普通人一样。

这就是自然状态下的想象，可以不受任何因素制约。成人的世界永远充斥着功利、名誉、社会地位等诸多条件，就连想象都被这种现实因素所影响，从而失去了想象最初的本质。可是这样的想象本身就失去了最核心的部分——自由。

所以，在想象的时候，请抛开世俗的认知，让想象回归到最自然的状态之中，才能收到最好的效果。

故事穿越

在远古时代，中华大地上出现了一个叫作神农的人，关于他对中华民族的贡献有两个非常重要的故事——“神农尝百草”和“神农种五谷”。“尝百草”是神农的意志力，而“种五谷”则是神农的联想力。

根据《拾遗记》中记载，神农作为部落首领，一直在思考如何能够让自己部落的族人吃饱饭。在那个时候，还没有任何粮食，他们都是依靠打猎过日子，可是猎物并不是每天都能遇到，所以部落之中就过着饥一顿、饱一顿的日子。

有一天，神农正坐在树下思考如何解决这个问题，突然之间，他看到一只全身通红的小鸟，它口中衔着一颗五彩九穗谷，就在它飞过神农头顶的时候，嘴巴一松，这颗五彩九穗谷就掉在了地上。神农随手就将这颗谷子埋进了土地里。

过了一段时间，神农发现，这颗谷子竟然在这里生根发芽，长出了一小片谷物。他随手将谷穗上的果实放到嘴里尝了尝，觉得非常美味。他就想到，如果将这种谷子大规模地种植，是否就能够解决掉部落族人的食物问题呢？

很快，他就率领族人开垦荒地，种植起了谷物，就这样，神农改变了远古时代打猎的生活方式，从而进入了农耕社会。

故事微语

亲近自然，还有另一层意义，就是真正地回到大自然中去。

大自然，是地球赋予人类的宝藏和恩赐，人类之所以能够得以发展，完全依赖于自然的馈赠。想象同样如此。

在大自然面前，人类的力量永远都是渺小的，却能够因为自然而激发出无穷的力量。尽管“神农种五谷”这个故事带有一点神话传说的色彩，但是在人类发展的进程中，对于食物的追求确实是出于各种想象。

中华美食，全球闻名，这不仅仅是五千年历史传承给我们的宝物，同时也能说明在中国古代农耕社会之中，中国人无穷的想象力和创造力。

在其他方面，大自然同样赋予我们无穷的灵感——看到大雁想到了制造飞机；看到鱼类，想到制造了船舶；看到蝗虫，想到制造了锯子……

所以，偶尔亲近自然，自然会回馈给你一个充满想象的精神世界。

心灵箴言

幻想是诗人的翅膀，假设是科学的天梯。

——[德] 歌德

现实的世界是有限度的，想象的世界是无涯际的。

—— [法] 卢梭

科学最伟大的进步是由崭新的大胆的想象力所带来的。

——[美] 杜威

大艺术家就是那些将个人的想象力强加给全人类的人们。

——[法] 莫泊桑

学会幻想，没有幻想就没有想象

故事话题

在 1775 年，北美独立战争爆发，当时英国殖民统治在海上称霸，尤其是他们的战舰，炮火非常猛烈，轮番对美国海军进行轰炸，致使美军伤亡惨重。

但是这一次的战争关系重大，美国众将领非常清楚，他们不能退让。其中一个叫布什内尔的将军，在经历这次英国海军不断炮轰之后，他就开始思考，如何能够战胜强大的英国海军呢？最好的办法就是能够直接炸毁英国战舰。可是英国的战舰规模美国根本就没有办法对抗，想要炸毁它就必须另想方法。

海洋唯有海面和海底，既然海面上的方法行不通，那么就从海底去想。如何能够在海底击毁英国战舰呢？布什内尔冥思苦想，却想不出好的方法。

有一天，他走到海边的礁石上，突然看到一条大鱼悄悄潜游到小鱼下方，猛然发力，向上一跃，就咬到了这条小鱼。看到这个场景，布什内尔突然灵机一动，如果能够按照这条大鱼一样制造出一艘舰艇，能在海底悄然潜伏到英国战舰下面，猛然一跃，就能够战胜英国战舰了。

后来，布什内尔就根据鱼潜水的原理建造了一艘船，就是潜水艇的前身。

故事解析

布什内尔根据鱼在水里捕食的过程制造了潜水艇，但是这个发明最初却是源自于他的想象。英国海军实力雄厚，美国海军在它面前占不到一点便宜。布什内尔最初就是想找到一种解决办法，来改变这个现状。因为心中有这种念头，当他看到大鱼捕食的时候，才能迸发出灵感。

或许在布什内尔提出自己的大胆假设之前，遭到了众多人的非议，认为他是异想天开，人怎么能像鱼一样潜入到海底呢?

可就是因为这种幻想，布什内尔制造出了潜水艇。在现如今的海军力量之中，潜水艇已经成为其中的核心部分之一，在此之前，又有谁能够想到这个幻想最终改变了世界呢?

无论是幻想，还是梦想，在没有实现之前，都是头脑里一个不成形的想象而已。只有当我们付出了努力，让这种想象早日成为现实，才是真正最有意义的事情。

故事穿越

中国古代四大发明是中华民族智慧的精髓象征，而这4种发明几乎都是通过联想而完成的，其中非常典型的就是“活字印刷术”。

印刷术在中国古代，始于隋朝，当时使用的是雕版印刷，就是用一整块版刻出全部文章，但是这种印刷术非常麻烦，每印一本书，就要重新雕刻出一版，既浪费时间，又浪费原料。

宋仁宗时期，毕昇就是一个从事雕版印刷的工匠，起初他也是按照传统的雕版印刷术方法进行印刷，可时间久了，他就思考，怎么才能提高工作效率呢？突然他想到，尽管每一本书的内容都不一样，但都是由文字组成，于是他翻阅当时的“字典”，找到了一些常用字，将它们雕刻在一个个小木块上，做好了之后，想要用的时候，就拿出字块放在铁框做好的印版上，再进行印刷。印刷完毕之后，这个字块还能继续使用。

就这样，毕昇通过自己的智慧和联想发明了活字印刷术。

故事微语

毕昇发明活字印刷之前，虽然有了雕版印刷，但毕竟既浪费时间，又浪费原料。可是毕昇却在心里幻想着，如果有一种印刷术可以反复使用就好了。正是因为这样一个幻想，毕昇苦心钻研，最终实现了这个脑海里的幻想。

我们常常会做梦，幻想着自己成为一个非常出色的人，或者是科学家，或者是文学家，或者就是个成功的商人。在我们的学生时代，每个人也都幻想过自己将来要从事什么行业。可是我们每个人梦想的雏形，不就是这些幻想么？

幻想，能够让我们拥有一个属于自己的心灵世界，能够促使我们制定奋斗目标和人生理想。人们常说，有了梦想的人就成功了一半，而另一半就是为了完成梦想而付出的努力。

所以，请不要吝啬自己幻想的能力，让幻想成为想象，最终成为我们人生的终极目标吧。

心灵箴言

想象力比知识更重要。

——[古希腊] 柏拉图

没有想象力的灵魂，就像没有望远镜的天文台。

——[美] 爱因斯坦

凡是新的不平常的东西都能在想象中引起一种乐趣，因为这种东西使心灵感到一种愉快的惊奇，满足它的好奇心，使它得到原来不曾有过的一种观念。

——[美] 爱迪生

打破常规，不让安于现状束缚你的思想

故事话题

历史上有这样一个典故——“田忌赛马”。

孙膑惨遭膑刑之后，幸而得到了齐国使者的帮助，最终成为齐国将军田忌府内的上宾。

齐国非常喜欢赛马，尤其是齐国国王，常常在自己的宫殿里举行赛马，设有重金作为赌注。有一天田忌带着孙膑去参加赛马，孙膑看了看诸位王公贵族带来的马匹，发现这些马的实力并没有多大差别，于是就对田忌说：“将军，您只管下注，我有办法让你获得比赛的胜利。”

田忌非常信任孙膑，于是就用千金作为赌注，并且将比赛全权交给孙膑。

首先，孙膑先让下等马去参加上等马的比赛，结果非常明显，田忌的马输了。

其次，孙膑用上等马去参加中等马的比赛，于是田忌的马取胜了。

最后，孙膑用中等马去参加下等马的比赛，又一次赢得了比赛。

因为赛事是按照“三局两胜”而定，所以最终田忌赢得了齐王的千金赌注。

故事解析

精神世界中的思维是一个非常有趣的存在，尽管精神世界本身就是无形的，可是在这个无形的世界里，却总是充满着束缚和框架，这就是我们常说的惯性思维模式。

惯性思维模式能够让我们在遇到事情的时候节省时间，按照自己头脑中固有模式去解决问题，但同时却也让我们失去了想象的空间。

孙膑之所以能够取得“赛马比赛”的胜利，正是因为他打破了固有的思维模式，采用了全新的策略。

其实在我们的生活中，拥有打破常规的勇气是非常重要的事情。我们的认知并不一定是完全正确的，只是因为长时间的习惯，有很多时候，打破常规才能取得重大的突破。

故事穿越

著名数学家高斯从小就表现出他在数字方面的天才，3 岁开始就已经会帮父亲算账，上学之后，这种才能更是引起了老师的注意。

有一天，老师在课堂上提出一道数学题，就是那道非常著名的自然数从 1 到 100 的求和，同学们都在按照步骤一步步地埋头苦算，高斯却站起来直接说出了正确答案。

老师非常吃惊地问："你是如何算出来的？"

高斯回答道："1 加上 100 等于 101，2 和 99 相加，也是 101，这样算下来，就是 50 个 101，将这两个数字相乘就得出了答案。"

老师听完之后，立刻表扬了他。

故事微语

打破常规，不仅仅是一种冲动，也绝非是一时的勇气，更重要的就是我们要打破思维的固有模式。就好比高斯在计算数学的时候，固定思维模式就是按照顺序去相加，可是高斯却因为找到了数字之间的规律，从而打破了常规思维。

在生活之中，我们做很多事情都有着自己的习惯，遇到了问题，也是按照这种习惯去寻找根源。但有些时候，这种习惯却成为一种束缚和禁锢，让我们一叶障目，只能认识到自己想要认识的问题，却看不到其他缺点。

打破常规，能够让我们更加周全地看待这个世界，看到问题的全部，更容易让我们认识到事物的本质。

打破常规，能够让生活变得更具有挑战，我们时常都会感觉生活就是一个7天，连着另一个7天。其实这并非是时间的错误，而是我们已经开始用自己的固有思维去看待生活。打破常规，才能感受到生活带来的别样精彩和无穷挑战，才能构建出最精彩的人生。

心灵箴言

心灵与自然相结合才能产生智慧，才能产生想象力。

——[美] 梭洛

诗人的想象力支配现实的程度，说到底，是衡量他的价值和尊严的精确尺度。

——[美] 桑塔亚那

科学家必须具备想象力，这样才能想象出肉眼观察不到的事物如何发生，如何作用，并构思出假说。

——[澳大利亚] 贝弗里奇

心灵榜样微史话

哥白尼

尼古拉·哥白尼，他是15—16世纪的波兰天文学家、数学家、教会法博士、牧师。

1473年2月19日，哥白尼出生于波兰畔的托伦市的一个富裕家庭。

18岁时，哥白尼就读于波兰旧都的克拉科夫大学，并且在学习医学期间对天文学产生了兴趣。

1496年，23岁的他来到文艺复兴的策源地意大利，在博洛尼亚大学和帕多瓦大学攻读法律、医学和神学，博洛尼亚大学的天文学家德·诺瓦拉对哥白尼影响极大，在他那里哥白尼学到了天文观测技术以及希腊的天文学理论。

40岁那一年，哥白尼提出了“日心说”。后来在费拉拉大学获宗教法博士学位。哥白尼作为一名医生，由于医术高明而被人们誉为“神医”。哥白尼成年的大部分时间是在费劳恩译格大教堂任职当一名教士。哥白尼并不是一位职业天文学家，他的成名巨著《天体运行论》是在业余时间完成的。

1533年，60岁的哥白尼在罗马做了一系列的讲演，但直到他临近古稀之年才终于决定将它出版。

高斯

德国著名的数学家、物理学家、天文学家、大地测量学家。他是近代数学奠基者之一，和阿基米德、牛顿、欧拉同享盛誉——“最伟大的四位数学家”。

在高斯18岁那一年，他就发现了质数分布定理和最小二乘法。通过对足够多的测量数据的处理后，可以得到一个新的、概率性质的测量结果。在此基础上，高斯随后专注于曲面与曲线的计算，并成功得到高斯钟形曲线（正态分布曲线）。其函数被命名为标准正态分布（或称高斯分布），并在概率计算中大量使用。

1799 年，高斯在黑尔姆施泰特大学，由于他证明了“代数基本定理”从而获博士学位。从 1807 年起，开始担任哥廷根大学教授兼哥廷根天文台台长直至逝世。

列文虎克

列文虎克，荷兰显微镜学家、微生物学的开拓者。在青少年时期，列文虎克没有受过正规教育，而是在阿姆斯特丹一家布店当学徒。在 20 岁那一年，他回代尔夫特自营绸布。中年以后，列文虎克被代尔夫特市长指派做市政事务工作。这种工作收入不少且很轻松，使他有较充裕的时间从事他自幼就喜爱的磨透镜工作，并用之观察自然界的细微物体。在他一生之中，至少磨制了 400 多个透镜，有一架简单的凸透镜，其放大率竟达 300 倍。

爱迪生

托马斯·阿尔瓦·爱迪生（1847—1931），是世界著名的发明家、物理学家、企业家，同时拥有超过 2000 多项重要的发明专利。因此，他被传媒称为“门洛帕克的奇才”。

他是人类历史上第一个利用大量生产原则和电气工程研究的实验室来进行从事发明专利而对世界产生重大深远影响的人。

爱迪生，1847 年 2 月 11 日出生于美国中西部的俄亥俄州一个叫米兰的小市镇。他的父亲是荷兰人的后裔，母亲曾当过小学教师，是苏格兰人的后裔。

爱迪生从小并没有展现出过人的天赋，并且因为常常问一些“愚蠢的问题”被学校除名。

1867 年，爱迪生以报务员的身份来到了波士顿。就在这一年，他获得了第一项发明专利权——自动记录投票数的装置。

从 1872 年到 1875 年，短短的三年时间，爱迪生就先后发明了二重、四重电报机，还协助别人制造了世界上第一台英文打字机。自此之后，他走上了发明的道路。

莫泊桑

居伊·德·莫泊桑，19 世纪后半期法国优秀的批判现实主义作家，与契诃夫和欧·亨利并列世界三大短篇小说巨匠，对后世产生极大影响。

1850 年 8 月，莫泊桑出生于法国西北部诺曼底省狄埃卜城附近一个没落的贵族家庭。

1870 年，他到巴黎进入大学学习法律。但就在这一年普法战争爆发，他只好放下课本，拿起武器参军。尽管这场战争时期并不长，但是带给他非常巨大的影响。

战争结束后，莫泊桑退役返回巴黎，先后在海军部和教育部任职。

1873 年福楼拜开始指导莫泊桑的文学创作。自此之后，莫泊桑正式走上文学道路，在他的一生之中，他完成了 300 多个短篇和 6 个长篇。其中有许多作品流传深广，尤其是短篇小说，使他成为一代短篇小说巨匠。

爱因斯坦

阿尔伯特·爱因斯坦，出生于 1879 年 3 月 14 日，是闻名于世的德国物理学家。他出生于德国乌尔姆市的一个犹太人家庭之中。

1900 年，爱因斯坦毕业于苏黎世联邦理工学院，同年，他加入瑞士国籍。

1905 年，爱因斯坦获苏黎世大学哲学博士学位，并且在伯尔尼专利局担任职务，后来又在苏黎世联邦理工学院担任教授。

1913 年，爱因斯坦返回祖国德国，任柏林威廉皇帝物理研究所所长并在柏林洪堡大学担任工作，还当选为普鲁士皇家科学院院士。

1933 年，爱因斯坦离开故土，前往英国。在这期间，他被格拉斯哥大学授予荣誉法学博士学位。

后来，由于受到纳粹政权的迫害，爱因斯坦只好到美国避难，担任普林斯顿高等研究所教授，从事理论物理研究工作，1955 年 4 月 18 日，病逝于普林斯顿。

弗雷德·史密斯

弗雷德·史密斯被媒体誉为“联邦快递”之父，是联邦快递的创始人。他出生于密西西比州。

1960 年，他报名参加了海军陆战队后备役军官训练班。

1962 年秋天，史密斯进入耶鲁大学，攻读经济学和政治科学，不过在学校里，他的成绩并不理想，而对社会生活更感兴趣，曾经担任校园唱片节目播音员。

1965 年，写了一篇不到 15 页的经济学报告，后来成为了联邦快递的指导文件。

1966 年，他毕业后被海军陆战队任命为中尉，在越南服役两期。

1969 年退役后，他开始了在商业界的事业——联邦快递。

鲁班

鲁班，姓公输，名班，尊称公输子，东周鲁国人。因为他是鲁国人，又被称为鲁班或者鲁般。他是我国古代的一位出色的发明家，两千多年以来，他的名字和有关他的故事，一直在广大人民群众中流传。我国的土木工匠们都尊称他为祖师。

在劳动的过程中，鲁班充分开动智力，发明了包括木工工具、古代兵器、农业机具、仿生机械以及其他种类的发明，其中以锯子、鲁班尺、云梯、石磨等最为著名。

郭子仪

郭子仪，是唐代著名政治家、军事家。早年，郭子仪凭借在武将科举之中上榜从军，但一直没有得到重用。直到安史之乱爆发，他才被委以重任，并且成功平定了安史之乱。

在平定安史之乱之后，由于皇帝担心他功高盖主，便被解除兵权。公元 762 年，唐朝再次发生兵变，郭子仪再度挂帅，平定兵变。公元 763 年，仆固怀恩勾结吐蕃、回纥入侵，长安失陷。郭子仪三上战场，不仅收复长安，更击溃了吐蕃、回纥。自此之后，郭子仪成为唐朝一代名将。

范仲淹

范仲淹，字希文，是北宋时期著名的政治家、思想家、军事家、文学家、教育家，世称“范文正公”。宋仁宗时期，范仲淹担任右司谏。曾经平定西夏李元昊的叛乱；庆历在位时，他与韩琦等人参与“庆历新政”。提出了“明黜陟、抑侥幸、精贡举”等10项改革建议。尽管这场改革仅历时一年，但是功绩却非常显著。由于变法失败，范仲淹被贬为地方官，辗转于邓州、杭州、青州，晚年知杭州期间。公元1052年，他病逝于徐州，谥文正。代表作品有《范文正公文集》。

陈景润

陈景润，汉族，籍贯福建省福州市，是中国著名数学家。

他出生于1933年5月22日，厦门大学数学系毕业之后，先后在北京四中、厦门大学等地方任教。

1957年9月，因为受到华罗庚教授的重视，调入中国科学院数学研究所任实习研究员。后来又转入中科院大连化学物理所工作。

1966年，这是陈景润一生之中最重要的转折点，他发表《表达偶数为一个素数及一个不超过两个素数的乘积之和》（简称“1+2”），成为哥德巴赫猜想研究上的里程碑。而他所发表的成果也被称之为陈氏定理。这项工作还使他与王元、潘承洞在1978年共同获得中国自然科学奖一等奖。

陈景润一生都在研究数学，成为中国当代最著名的数学家之一。1996年3月19日，因呼吸循环衰竭逝世，享年63岁。

齐白石

齐白石，是近现代中国绘画大师，世界文化名人。他于1864年1月1日出生于湖南长沙府湘潭。原名纯芝，字渭青，号兰亭。后改名璜，字濒生，号白石、老萍、白石山翁、借山吟馆主者、饿叟、寄萍堂上老人、三百石印富翁等等。

齐白石早年做过木工，后以卖画为生，在57岁之后便定居北京。

齐白石擅画花鸟、虫鱼、山水、人物，曾先后任中央美术学院名誉教授、中国美术家协会主席等职。代表作有《蛙声十里出山泉》《墨虾》等。著有《白石诗草》《白石老人自述》等。

心灵修养用语微解

联想：由于某人或某种事物而想起其他相关的人或事物；由某一概念而引起其他相关的概念。

专注：指专心注意。清朝陈廷焯在《白雨斋词话》卷八中写道："盖兵贵精不贵多，精则有所专注，多则散乱无纪。"柔石在《二月》四："他翻起一首极艰深的歌曲，他两眼专注地看在乐谱上。"

勤勉：是指努力不懈、勤勉好学。在《荀子•富国》中有这样一句："奸邪不作，盗贼不起，化善者勤勉矣。"而《清史稿•允礽传》中也写道："臣当益加勤勉，谨保终始。"勤勉，不仅仅是指勤劳，同时也指以勤劳而自勉。

创新：创新是以新思维、新发明和新描述为特征的一种概念化过程。是以现有的思维模式提出有别于常规或常人思路的见解，利用现有的知识和物质，在特定的环境中，本着理想化需要或为满足社会需求，而改进或创造新的事物、方法。

记忆：是人类心智活动的一种，属于心理学或脑部科学的范畴。记忆代表着一个人对过去活动、经验、感受的印象累积，有相当多种分类，主要因环境、时间和知觉来分。《人仙经》中写道："我父毘沙门天王，回还本宫，为我宣说，我悉记忆，无所忘失。"《隋书•儒林传•何妥》有这样一句话："臣少好音律，留意管弦，年虽耆老，颇皆记忆。"

观察力：是指大脑对事物的观察能力，如通过观察发现新奇的事物等，在观察过程中对声音、气味、温度等有一个新的认识。

打破常规：常规，是指沿袭下来的规矩。打破了一般的规矩或一向实行的规章制度，即打破常规。

全神贯注：全部精神集中在一点上。形容注意力高度集中。和专心致志、一丝不苟等成语为同义词。

独具匠心：具有独特的巧妙心思。多指技术或艺术方面有创造性。出自唐朝张佑《题王右丞山水幛》："精华在笔端，咫尺匠心难。"

思维模式：思维借以实现的形式。概念、判断、推理、证明是不同的思维形式。具有不同结构的判断形式、推理形式、证明形式也是不同的思维形式。

灵感思维：是指凭借直觉而进行的快速、顿悟性的思维。它不是一种简单逻辑或非逻辑的单向思维运动，而是逻辑性与非逻辑性相统一的理性思维整体过程。

持之以恒：是指有恒心，持续不间断地努力。语出自清朝大臣曾国藩的《家训喻纪泽》："尔之短处，在言语欠钝讷，举止欠端重，看书不能深入，而作文不能峥嵘。若能从此三事上下一番苦工，进之以猛，持之以恒，不过一二年，自尔精进而不觉。"持之以恒是一种精神，是一种意志的考验。